地球変動のポリティクス

温暖化という脅威

米本昌平
Shohei Yonemoto

弘文堂

図4 オイルショック以降の日欧の大気汚染政策の違い
日本は国難と捉え、欧州は世界同時不況への対応

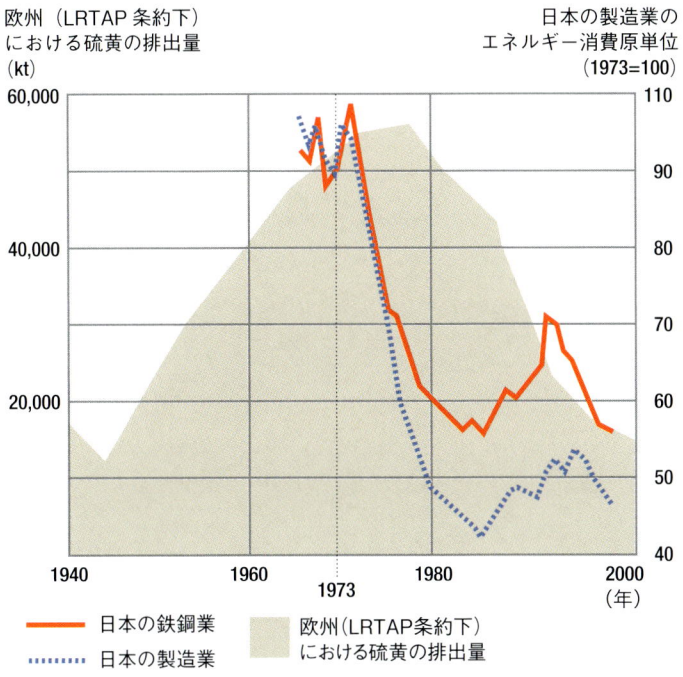

図10 シナリオ別・温度上昇のシュミレーション
さまざまなコンピュータ・モデルによる地表平均気温の予測　(IPCC 第4次報告書より)

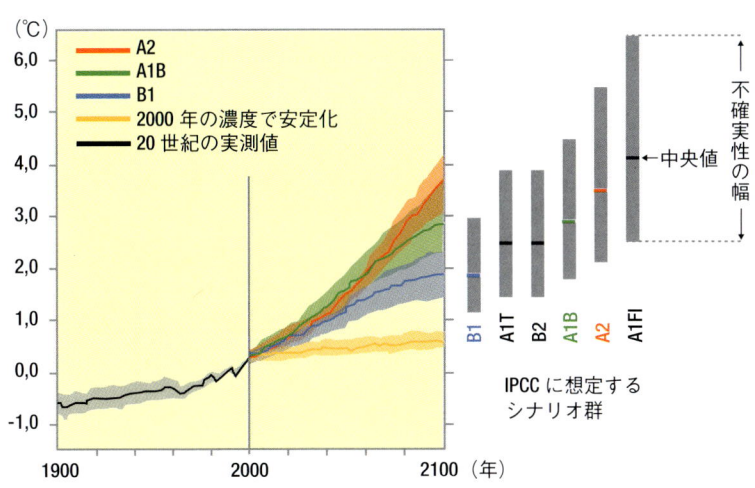

A1T は非化石エネルギーが開発された場合。
A1B は全エネルギー技術が平均的に開発された場合。

図11 ホッケースティック論争

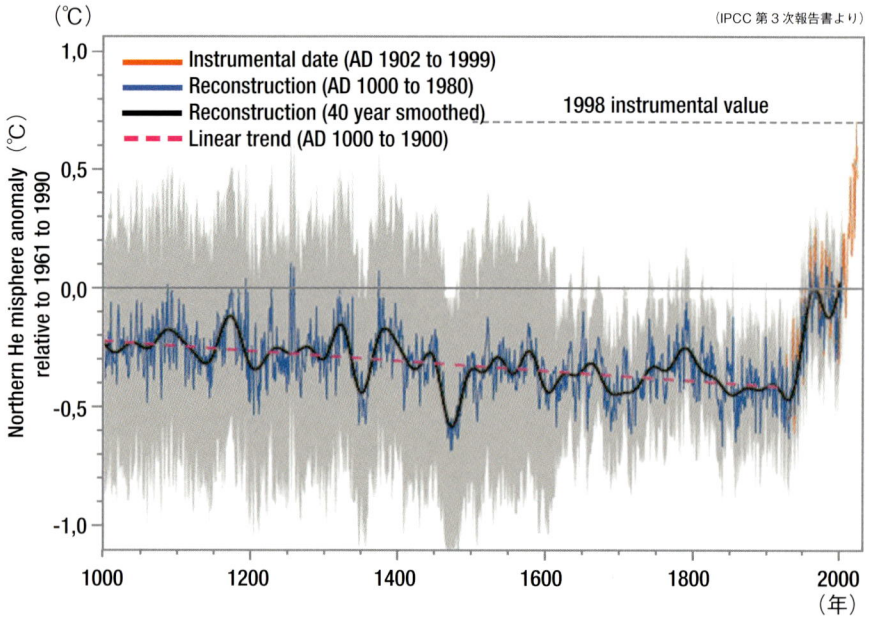

(IPCC 第3次報告書より)

図16 「核の冬」研究が採用した核戦争のシナリオ（部分）

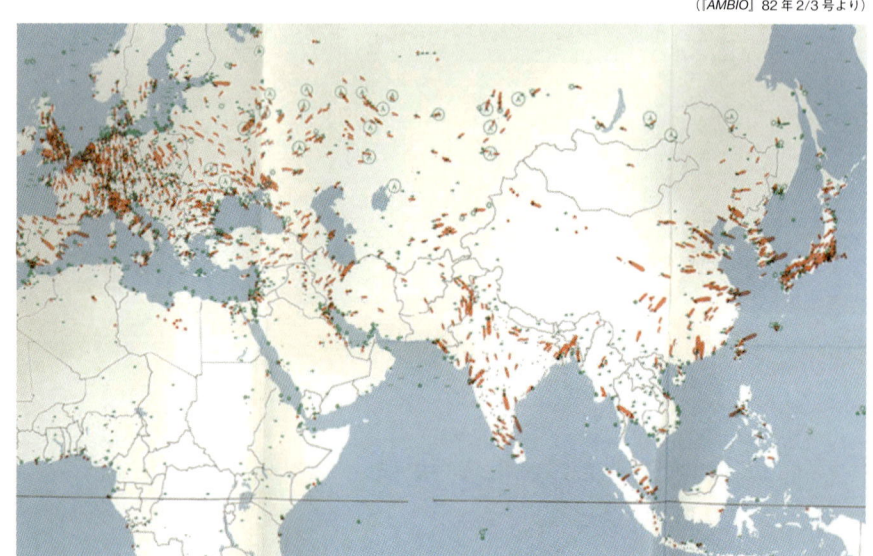

(『AMBIO』82年2/3号より)

図18 気候変動による脅威の悪化要因

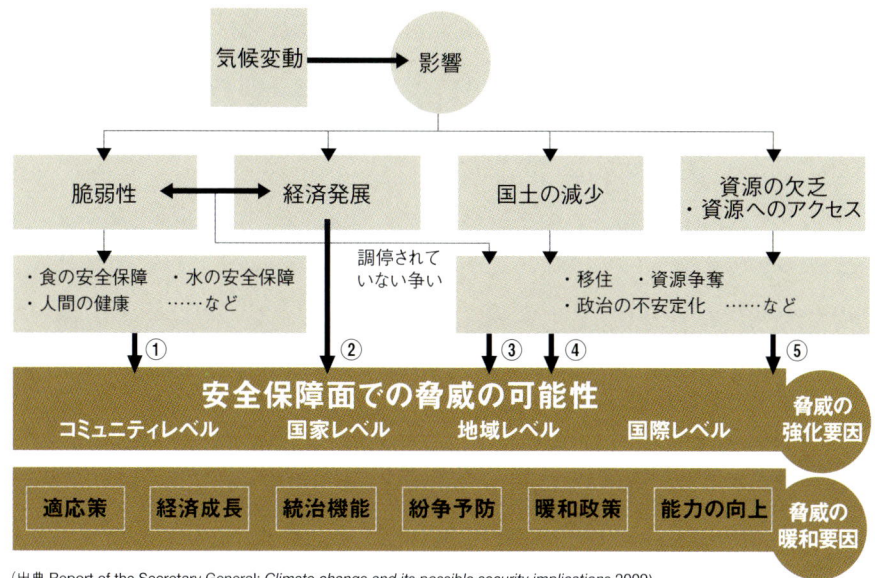

(出典 Report of the Secretary General: *Climate change and its possible security implications*, 2009)

図22 地球シミュレータによる2100年の気温上昇予想

(文部科学省ホームページより)

図25 東アジアにおける軍事同盟と環境協力の位置づけ

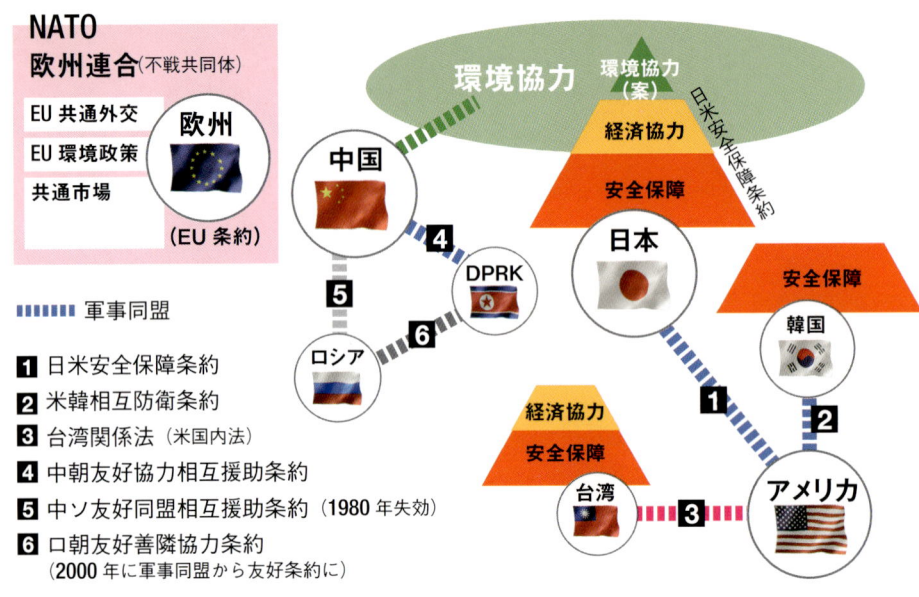

図27 「脅威一定の法則」と欧州における核弾頭の配備

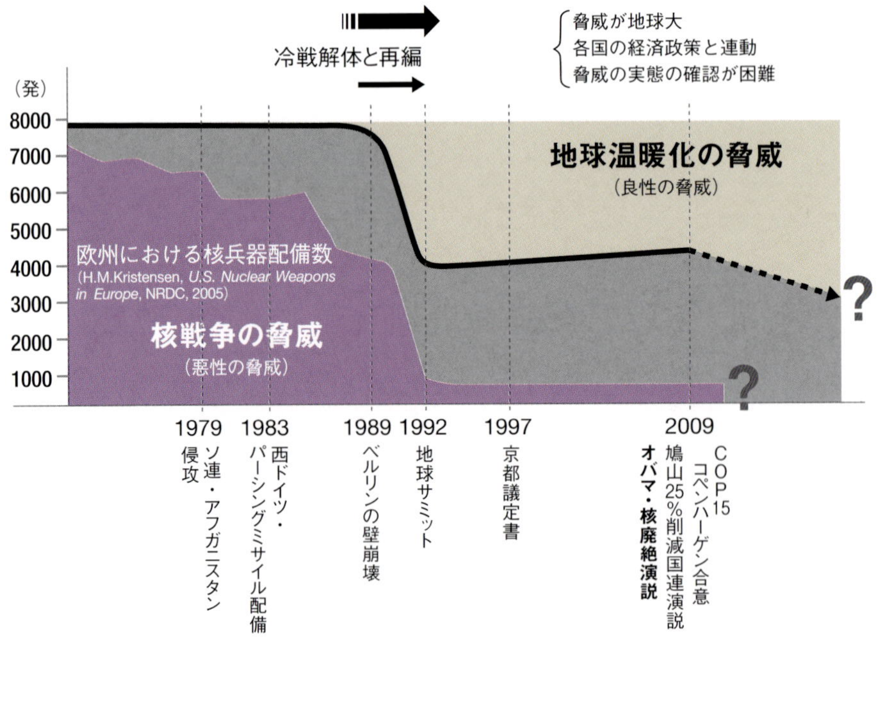

図4　オイルショック以降の日欧の大気汚染政策の違い

　73年秋、第4次中東戦争で産油国が石油輸出戦略を発動し、短期間で原油価格が4倍になった。これによって世界同時不況に陥り、世界の経営者はあらゆる投資を手控えた。そのなかで日本だけは、この事態を「国難」と受けとり、資本財を省エネと公害防止技術の開発と投資に集中させた。この結果、環境が一気に改善されただけではなく、省エネ技術の開発と投資が進んで、比較優位を獲得し、世界の工場の地位を獲得した。80年代に入ると、日本には急速に外貨が蓄積し、85年の主要国蔵相によるプラザ合意によって、大幅な円高と、内需拡大策を余儀なくされた。これに対して欧州主要国は、80年代に入ってから、ドイツなどが先導して大気汚染対策に乗り出した。

図10　シナリオ別・温度上昇のシュミレーション

　増加するCO_2濃度による温暖化の予測は、コンピュータ・シミュレーションによって計算される。その場合、CO_2排出量がどのような経路をとるかについて共通認識をもっておく必要がある。IPCCは別途、CO_2排出シナリオについて合意しており、これに従ってシミュレーション計算が行われる。たとえばA1と呼ばれる一群のシナリオでは、世界は高い経済成長を続け、新技術は速やかに導入され、世界の人口は21世紀半ばに頭打ちになる。一方で、A2シナリオでは現状のような南北格差が固定され、発展途上国の人口は増え続ける想定になっている。気温上昇の小さいB1シナリオは、21世紀半ば以降、人口は減少に向かい、加えて世界はサービス産業や情報産業へと変換することを想定している。しかし、いずれにしろ21世紀末には2℃程度の上昇は避けられず、その後も気温上昇は不可避であるというのが第4次報告の中心的なメッセージである。

図11　ホッケースティック論争（IPCC第3次報告書より）

　ホッケースティック論争とは、IPCC第3次報告（01年）に掲載された図に起因する、主としてアメリカの研究者社会と連邦議会で戦わされた温暖化論争。高温のほど木の年輪の幅が厚くなる傾向を利用して、M．E．マンらは、西暦1400年以降の北半球の気温の変化を、年輪研究の結果を総合して98年4月23日号『Nature』に論文として発表した。そのなかで、「北半球の平均気温は、最近8年のうちの3年ぶんは、過去600年の中でもっとも高温である」とし、20世紀の温暖化はCO_2の増加が主因であると結論づけた。第3次報告の作成にとりかかっていたIPCC第Ⅰ作業部会は、過去1000年について代用温度指標を統合した図に、19世紀以来の実際の観測値を重ねたものを作成して掲載した。カナダの在野の研究者、マッキンタイアはマンの論文を批判してきたが、この論争は、米連邦議会がとりあげるところとなり、論争をおさめる目的で、全米科学アカデミーが報告書を作成するまでになった。

図16　「核の冬」研究が採用した核戦争のシナリオ（部分）

　環境問題の専門誌『AMBIO』82年2/3号が行った、核戦争後の環境影響を研究した特集号にある、研究の前提となった核攻撃の想定図。この研究が採用したシナリオでは、86年6月に米ソ間で全面核戦争が起こり、保有核の約半分が使用される想定になっている。配備されているミサイルは、事前に個々の攻撃目標がプログラムされているから、実際に全面戦争が始まれば、ほとんどの重要都市が攻撃されてしまうことになる。図は、致死性の放射物質のチリが降る範囲（フォールアウト）で、これによると日本は瞬時に壊滅してしまう。この特集号に掲載された、P．クルツェンとJ．ビクルスによる論文「核戦争後の大気―真昼の悪夢」が、工場地帯が核攻撃を受けると大規模な酸欠となり、大量の煤が成層圏にまで吹き上げられて、その後数年間は太陽光がさえぎられて農産物の生産が低下すると予想した。これが「核の冬」と呼ばれ、その後、論争を巻き起こした。クルツェンは、現在、ジオエンジニアリングの可能性を議論する一人でもある。

図18　気候変動による脅威の悪化要因

　09年9月に、国連事務総局が提出した報告『気候変動とその安全保障への含意の可能性』の中で示された、気候変動と安全保障上の脅威に関する因果関係の図。5つの流れに分類され、①温暖化によって直接的に生存が脅かされる場合、②温暖化によって経済成長が停滞し貧困が深刻化して、政治的不安定がもたらされる場合、③温暖化への適応策に失敗して社会的秩序が崩れる恐れ、④島嶼諸国が水没する危険にさらされて難民の発生し、排他的専管水域に関する紛争が生じる危険、⑤温暖化によって自然資源が枯渇したり、逆に、自然資源へのアクセスが可能になることで国際紛争が生じる危険、が挙げられている。これらのほとんどは理論的可能性にとどまるものだが、国際紛争の悪化の可能性に関する考え方として、予防外交の観点から重要視され始めている。

図22　地球シミュレータによる2100年の気温上昇予想（文部科学省ホームページより）
　地球シミュレータによる、2100のシミュレーション結果では、北極圏とチベット高原が、最も気温が上がる地域となっている。

図25　東アジアにおける軍事同盟と環境協力の位置づけ
　気候安全保障の考え方が欧州で登場してきた理由の一つには、EUの不戦共同体という側面が、一段と強くなったからでもある。この観点から東アジアを展望すると、欧州とはまったく異なり、冷戦の残滓という面がなお濃厚で、中国の東側を、日米、米韓、米台という個別の軍事同盟が囲んでいる形になっている。この三つの軍事条約のうち、日米、米台は安全保障に加え、経済協力に言及しており、このうち日米同盟は温暖化対応を含める方向に「深化」させることが可能であろう。このような地政学的な状況からすれば、日本は中国に対して、環境劣化による社会の不安定化を阻止する「環境安全保障」という面から環境協力を行うという考え方を提示し、戦略的な政策対話を行う道を採るのが妥当であることになる。

図27　「脅威一定の法則」と欧州における核弾頭の配備
　図2は、核の脅威をまったく直感的に図示し、「脅威一定の法則」のイメージを表したものである。実際に米ソ＝米ロが保有する核弾頭の数はこの図示には対応しないのだが、アメリカが欧州に配備してきた核弾頭数をここに重ねると、みごとに一致する。これは、87年12月の中距離核戦力全廃条約で、中距離核の撤去が決まったことが大きく寄与している。しかし今もなお、欧州の米軍基地には150〜250発の核兵器が配備されていると推定されている。ドイツのビュッヘル基地にも20発の戦術核が配備されていることを、95年に『シュピーゲル』が報道して以来、地元では配備に対して激しい反対運動が起こっている。この図から、世界の歴史の主旋律は、いまもなお、欧州が描いてきていることがわかる。

地球変動のポリティクス

はじめに

 2011年3月11日、日本は突然、東日本大震災に襲われ、それまでとは別の社会に移行した。第一次世界大戦によって、欧州社会は19世紀的価値観の近代から、20世紀の現代へと変貌した。戦場にならなかった日本は、1923年の関東大震災によって同様な変貌を強いられた。東日本大震災によって、日本の何をどう変わったのか。それはこんご、明らかにされていくであろう。しかし、もし、今回の大震災が、過去60年以上、先進社会が襲われることのなかった戦争による巨大破壊と重ねうる──巨大津波に襲われた後にビルだけが残ったあの光景──とすれば、これを境に変ったことの一つは、戦後日本が抱いてきた安全保障に関する感覚ではないだろうか。
 17年前、私は『地球環境問題とは何か』(岩波新書1994)を書いて、地球温暖化問題が国際政治の課題として躍り出たのは、冷戦終焉による緊張緩和の代替物としてである、と論じた。だが、この本が出たのは、温暖化条約の第1回締約国会議が開かれる1年も前である。本書はこれに続くものとして、温暖化交渉を、より広い国際政治の文脈で読み解くことを試みた。具体的には、温暖化問題が、冷戦直後の多幸症的な雰囲気のただ中で議論され、温暖化条約や京都議定書は、理想主義性格が強いものとなったこと、またEUの温暖化対策は、欧州統合という政治的潮流の中の一分枝と見るべきものであること、などを論じている。広義の国際政治の文脈で読むことは、その主流にある安全保障問題と、直接間接に重なる局面に焦点をあて、その意味を評価することでもある。そんな作業の先に見えてきた温暖化問題の姿は、およそこれまでとは異なるものとなった。
 本書には、軍事指向的 (military-taste) な素材が少なからず盛り込まれて

いる。そしてこれが、ポスト3.11の社会が共有するようになった感覚の一つではないかと、私は思う。それは、戦後日本が共有した、軍事的事項に対する無条件の拒否感覚からの脱却である。それは、いわゆる保守感情や軍国主義と言われるものとはおよそ無縁のものであり、憲法9条を当然視した上で、現代社会における安全保障問題の具体像に予断なくアクセスし、これを咀嚼した上で、考えぬこうとする態度である。もっと一般的に言えば、眼前の社会的現実を見つめ、地味だが知的に生きようとする、成熟した境地が、いま、うまれようとしているのだと思う。機能不全に陥っている日本の統治機構を前にして、官僚が悪い、政治家が悪い、マスコミが悪い、などという言い方そのものが間違っているのではないか、こう感じ始めている人たち、とくに若い人たちに、本書を手にとっていただければと願っている。

　　　　　　　　　　　　　　　　　　　　　2011年8月22日
　　　　　　　　　　　　　　　　　　　　　　　町田にて

　　　　　　　　　　　　　　　　　　　　米本　昌平

地球変動のポリティクス………目次

はじめに………2

第1章
地球温暖化交渉──理想主義の終わり　7

国連地球物理変動枠組み条約の可能性………9
予防原則に立つ温暖化条約………11
「脅威一定の法則」：核の脅威の代替物としての地球温暖化………19
国連気候変動枠組み条約の特徴……26
90年代欧州におけるCO_2排出量の減少………32
理想主義の結晶──京都議定書………35
日本と京都議定書………49
ロシアの批准論争………57
EUの、EUによる、EUのための京都議定書………60
なぜ、理想主義が現実のものとなりえたのか………62

第2章
長距離越境大気汚染条約と科学的アセスメント　67

長距離越境大気汚染条約の成立と冷戦………70
EMEPの機能………75
オスロ議定書と臨界負荷量………80
ヨーテボリ議定書と温暖化対策との連続性………84
規制科学と外交科学………85
IPCCの位置確認………89

第3章
IPCC──科学と政治のキメラ　91

IPCCの制度と機能………96
IPCC報告の暗黙の主張………103

ホッケースティック論争………108
クライメイト・ゲイト事件………114
IPCCの科学論………118
Manufactured controversy………122

第4章
排出権取引（EU-ETS）とEU拡大　125

EU-ETSとサイバー窃盗………136
EU-ETSの改定案………137
EU拡大とEU環境政策の意味………138
日本での議論………143

第5章
冷戦遺産としての20世紀科学技術　147

相互確証破壊（MAD）のための体制構築………149
50年戦争を戦ったアメリカ………154
核実験禁止と地震研究………158
ランド研究所（RAND Co.）とは何か………164

第6章
気候安全保障論の登場　167

イギリスと気候安全保障（climate security）論………169
国連安全保障理事会での自由討議………172
「脅威一定の法則」再論………177
温暖化と北極の安全保障………180
冷戦遺産としての核汚染問題………186

第7章 コペンハーゲン合意とその後　191
――露出した分水嶺

コペンハーゲン合意――首尾よき失敗………193
中国は壊し屋か？………196
カンクンでの追認………201

第8章 課題としての中国　205

超大国・中国と21世紀世界………207
胡錦濤国連演説………212
ヒマラヤ＝チベット高原・第三の極論………216
東アジアにおける地政学と環境クズネッツ曲線………221
戦略的互恵関係………224

終章 21世紀日本と自然の脅威　229
――地球物理学変動枠組み条約に向けて

京都議定書＝ベルリン・シナリオの終焉………231
ジオエンジニアリング（geoengineering）――非常手段か、禁じ手か………234
ジオエンジニアリングと安全保障概念の拡張………242
ポスト3.11の日本と安全保障概念の再定位………245
構造化されたパターナリズム――後姿の自画像………251

第1章

地球温暖化交渉
―― 理想主義の終わり

国連地球物理変動枠組み条約の可能性

　2011年3月11日午後14時46分18秒（日本時間）、宮城県牡鹿半島の沖、東南東約130km、深さ約24kmの位置で、マグニチュード9.0の巨大地震が発生した。日本の観測史上、最大規模であり、気象庁はこれを「平成23年東北地方太平洋沖地震」と命名した。プレート・テクトニクス理論（第5章を参照）によると、日本列島はフォッサマグナ（糸魚川＝富士川構造線）を境に、その北半分は北アメリカプレートの端に乗っており、これに向けて太平洋プレートがマントル対流にのって年間約8〜10cmの速度で、東南東から押し寄せ、北アメリカプレートの下に沈み込んでいる。これによってできた巨大な窪みが日本海溝であり、今回の大地震は、両プレートの境界面が圧縮されることで起こった。アメリカ地質調査所（US Geological Survey）によれば、1900年以降に全地球で起こった地震のなかで、3.11大地震は4番目の規模のものであった。地震を起こした断層は海底にあり、実測することは不可能だが、長さ500km、幅200kmに及んだと推定される。

　歴史は、偶然と必然による織物である。2011年3月11日に大地震が日本を襲ったのは、まったくの「不意打ち」であった。しかし3.11後のわれわれは、これ以前とは異なる世界観に生きることを運命づけられ、すでに「ポスト3.11時代」の第一ページを、否応なく歩み始めている。それは、あらゆるものごとが、「ポスト3.11時代」の価値体系によって新たに意味づけられ、編集され直されることでもある。本書はそれを、「脅威への対応」という文明論的な視点から整理してみたい。もともと本書は、2010年までの時点で、地球温暖化問題を包括的に語ることを目的としたものであった。そのさなか、3.11大震災に遭遇し、当初構想に沿って積み上げてあった資料の山が、文字通

り崩れてしまった。そこで全体の構成も、ポスト 3.11 の視点にたって組みかえることにした。

　後で詳しく述べるが、3.11 大震災の 4 カ月前、メキシコの都市、カンクンで開かれた温暖化交渉会議（COP18）の場で、日本は、「どんな形であれ京都議定書の第Ⅱ約束期間を設けるのは反対である」と表明をした。かりに今後、温暖化交渉の流れが、京都議定書を単純に延長する方向へ進むとすると、日本はやむなく 2013 年以降、京都議定書の枠組みから脱退する可能性も出てくる。その場合、日本はその立場を正当化するための理論が必要となる。最終章ではそれを試みてみた。大気中の CO_2 の濃度増大に焦点を合わせた「地球温暖化の脅威」に加え、地殻プレートの移動による巨大地震や巨大津波という脅威も同格に、日本外交の視座の中に入れた時、どのような論理の組み立てになるのか。結論はこうである。現在の国連気候変動枠組み条約（UN Framework Convention on Climate Change）が前提とする「温暖化の脅威」は、地球の変動全体から見ると、地球大気というサブ・システムを対象としたものである。日本は、この条約に併置して、国連地球物理変動枠組み条約（UN Framework Convention on Geophysical Change）が設定されるべきだとして、そのための特別会合を早い機会に、仙台で開くことを提案するのである。ポスト 3.11 時代を生きる日本は、伝統的な軍事を軸とした安全保障概念を拡大し、国民の生命・財産を守るために、地球規模の自然変動に由来する脅威をも、その視野に入れた、「拡大された安全保障概念」（後述）に立つことを宣言する。日本は、狭義の安全保障と、地球物理学次元での脅威への備えを同時に考え、この総合的なアセスメントの下で、温暖化の脅威に資源を振り向けるという価値観を基本に置いた、文明の構築をめざすことにするのである。本書は、そのための考え方を整理する第一歩でもある。

予防原則に立つ温暖化条約

　今年（2011年）末に、南アフリカに世界の国々の代表が集まり、地球温暖化問題に関する国際交渉が行われる。この光景を見て人々は奇異なこととは思わない。だが、地球温暖化という、地球まるごとの環境変化が外交交渉の課題となったのは、それほど旧いことではない。つまりわれわれは、何を交渉課題と認めるかという、国際政治の認識枠組みが組み替えられつつある、歴史的な変動のただ中にいる。

　言うまでもなく、温暖化問題の国際交渉とは、「国連気候変動枠組み条約」（FCCC：以下、温暖化条約とも表す）という「国際法」に則って行われる外交交渉のことである。だがそもそも、どのような条件が整えば国際条約が締結され、交渉が展開されることになるのだろう？

　温暖化問題は重要だと、新しい課題を指摘するだけでは、国際条約などはできない。関係国が条文作りに向けて話し合いを始めるためには、文字通り「国を動かす」のに十分なだけの論理と、政治的動機が必要である。

　地球スケールの自然を、初めて保護の対象として成立した条約は「オゾン層の保護のためのウィーン条約」（85年に妥結：以後、ウィーン条約と表現する）である。だがこの条約を除けば、国連気候変動枠組み条約や、生物多様性条約に、各国代表が署名するのは、92年6月の「地球サミット」（正式名は国連環境開発会議）の場である。ではなぜ、92年6月という時点だったのか。実は、この問いにはたいへん大きな意味がある。それについて考えるために、ウィーン条約の成立過程をふり返ってみよう。

　国際条約は、最終権力である国家（正確には主権国家）が、お互いの間での取り決める法規である。国際条約は、その法規を守らせる警

察が存在しない、国家間における取り決めであるから、その政治的な正当性（legitimacy）を確保することが非常に重要である。だから、国際条約は、先行して実際に機能している国際合意の内容を継承するものであることを、これでもかこれでもかと力説するのが普通である。条約の前文（preamble）がこれに相当するもので、ここでは関係する既存の国際合意が列挙される。この慣行は「先例主義」と呼ばれる。実際、温暖化条約の場合は、その前文でウィーン条約＝モントリオール議定書が言及されており、国際法的には、オゾン層保護の問題が温暖化条約成立の先例に置かれている。

だが国際条約の成立のためには、それ以前に、その課題に緊急に対応する必要があるという危機認識が、多くの国の間に共有されている必要がある。そんな場合ですら、条約策定に参加している主権国家のうち一部でもが異論をとなえれば、決着は先送りされてしまう。これが国際合意形成の難しさであり、外交の常道である。そして、この課題の緊急性という点に着目してみると、ウィーン条約と温暖化条約とではまったく異なった状況にあり、当然、異なった経過をたどってきている。

オゾン層という全地球レベルの自然を保護の対象とする、それまでにはなかった形態の国際合意が現実のものになったのは、「オゾン層破壊の恐れ」を指摘する論文の内容が、各国担当者の間に共通認識としてあったところに、衝撃的な科学的報告があったからである。ウィーン条約と温暖化条約とでは、成立における動機づけと、そこでの科学の役割が対照的なのだ。74年に、M.J.モリナとF.S.ローランドは、当時は人工化合物としてはもっとも安定な物質とされる、フロン（クロロフロロカーボン：CFC）が、高密度の紫外線の下では、オゾン分子を効率的に破壊することを、室内実験で明らかにした。そしてこの結果から、成層圏のオゾン層でも同様の化学反応が起こり、破壊が指

数関数的に進行する可能性に警鐘をならした（M.Molina & F.S.Rowland, *Nature*, Vol.249, p.810, 1974）。はるか上空の成層圏オゾン層は、宇宙から大量に降り注ぐ紫外線を吸収する作用があり、地表に住む人間や生物すべてを紫外線の害から守っている。そのオゾン層が、便利ゆえに大量使用が始まった人工化合物によって破壊される可能性が示されたのである。この推論が正しいとすると、将来、地表に達する紫外線の量が増え、皮膚癌などの健康被害や、農作物の生育が障害をうける恐れがある。この危険を一部の科学者が強く主張したため、とりあえずアメリカ連邦政府は78年に、フロンガスのスプレー利用禁止の措置をとった。後の95年に、モリナとローランドは、クルッツェン（後述）とともにノーベル化学賞を受賞した。

　72年の「国連人間開発会議」の決議を受けて新設された国連環境計画（UNEP）は、フロンに関して科学者が発したこの懸念を、新組織にとって格好の所管業務と考えた。UNEPは、77年に「オゾン層保護のための世界行動計画 World Plan of Action on the Ozone Layer」を策定し、世界の科学者に対して、オゾン層保護に焦点を合わせて観測を行い、その破壊の因果関係を解明することに研究資源を振り向けるよう、呼びかけを始めた。さらに81年に、UNEP理事会は、オゾン層保護の枠組み条約について、起草作業グループを立ちあげた。この作業グループは、4年にわたる協議の末、85年3月にウィーンで、それまでにはない画期的な環境条約を結実させたのである。

　実は、現在慣例となっている、「ウィーン条約＝モントリオール議定書」と連記されること自体、オゾン層破壊問題の"緊急性"を物語っている。ウィーン条約では、オゾン層破壊の危険性は、国際社会が取り組むべき重要課題であり、これを科学的に評価（assessment）するための体系的な国際共同研究を開始することだけが述べられている。ところが、この条約の署名が開始された直後の、85年5月16日付の

『Nature』（Vol.315, pp.207-210）に、「オゾンホール」発見の論文が掲載されたのである。この論文によって、多くの人は、フロンによるオゾン層の大規模破壊が実証された、と直感した。そして急遽、フロン規制の議定書の交渉が始まり、87年にモントリオール議定書として結実したのである。この議定書はその後、数次にわたって修正されてきているが、特定の人工化合物に関して、成層圏の保護を目的に、最終的には生産を全面停止させる内容のものである。ただし、ウィーン条約の国際法上の効力発生は、各国の批准手続きの都合で88年9月となった。つまり、オゾンホール発見という科学的な報告が、条約の発効以前に、その枠組みの下で、新しい議定書を成立させたのである。こうして、オゾン層問題では、条約と議定書が一体となった形態が国際合意として扱われるようになった（表1）。

　一方、地球温暖化問題は、まったく別の経過をたどってきている。国連気候変動枠組み条約は、マラソン交渉の末、92年5月に合意に到達し、直後の地球サミットで多くの国が署名した。だが、これほど大スケールの条約が急遽締結されなければならないほどの緊急性を要する、地球温暖化の危機を示す科学的データがこの時点で提出されたわけではない。温暖化条約の場合、危機の緊急性の認識→国際合意の成立、というウィーン条約モントリオール議定書のケースと、同じような応答関係は存在しない。むしろ事態はまったく逆で、条約が先行して成立し、これと並走しながら、温暖化の予測に関する科学研究があわただしく強化・拡張・統合され、その成果が周期的にIPCC文書群にまとめられて、温暖化交渉のテーブルにフィードバックされる形態が続いている。そして、このことが、地球温暖化問題をたいへん複雑なものにしている。なかでも、科学の地位と機能は大きく変化した。

　冷戦最末期の88年12月6日、国連総会の場で「国連決議（43/53）：人類の現在および将来世代のための地球気候の保護」という決議が採

表1　地球科学と国際政治の融合

	酸性雨	オゾン層破壊	地球温暖化
初期警告	1960年代後半	1974	1970年代
公的な科学アセスメント	EMEP 1978〜	CCOL 1977〜	IPCC 1988〜
条約交渉の場	国連欧州経済委員会 (UN-ECE)1978〜	国連環境計画 (UNEP)1981〜	政府間交渉会議 (INC)1990〜
枠組み条約	長距離越境大気汚染条約 (LRTAP条約)	ウィーン条約	国連気候変動枠組み条約
署名	1979	1985	1992
発効	1983	1988	1994
議定書	SOx　　NOx	モントリオール	京都
署名	1985　　1988	1987	1998
発効	1987　　1991	1989	2005
議定書改正	オスロ	ロンドン	
署名	1994	1990	
発効	1998	1992	

　地球環境問題が、実際に外交の対象となるためには、その広域の環境問題に関して、外交交渉の基礎となる科学的事実が集約されて外交テーブルに届けられる必要がある。その内容は、科学的に信頼できるだけではなく、外交上の課題の必要性に応えるものでなければならず、かつ、全関係国にとって、特定の国の国益が混入していないことが確信できるだけの透明性が保証されていなくてはならない。環境問題に対する政策的対応を念頭に作成される科学的包括報告は「科学的アセスメント」と呼ばれるが、環境条約では必ずこの組織が付置されることになる。その場合、科学的アセスメントは正当な機関からの資金で行われる必要があり、それを行うのは「公的な科学的アセスメント (official scientific assessment)」組織である。この組織の条約上の位置づけは、それぞれの課題の性質や外交上の経過から、条約内に明記（酸性雨、オゾン層保護）されていたり、条約外の国連の別組織（地球温暖化）であったり、さまざまである。

択された。今では想像もできないのだが、冷戦下の国連は、米ソ対決の典型的な場であり、とりわけ最重要機関である国連安全保障理事会は、慢性的に機能不全の状態にあった。だから、国連総会で少々目新しい決議がなされたとしても、誰も注意を払わないのが普通であった。だが、この決議 (43/53) によって、国連は「気候変動に関する政府間パネル (Intergovernmental Panel on Climate Change : IPCC)」を国連傘下の正規の組織として承認した。その上で改めて、ここに対して、地球温暖化の危険性について科学情報を集約するよう要請したのである。IPCC の機能と政治的な意味については後述する (第 3 章)。

そして、その IPCC が、「全地球の表面の平均気温の変化と、地域的・季節的・垂直方向の大気の気温変化のパターンからの証拠のバランスを考えると、気候変動に対する人為的な影響が識別可能になった、と示唆することができる。長期の自然変動の程度やそのパターンなどの主要概念については、なお不確実性が含まれている。」という、たいへん慎重な言い回しで、人間活動による地球温暖化への影響を認めたのは、95 年の IPCC 第 2 次報告書においてである。しかも、この報告書が実際に印刷物となったのは、翌 96 年春のことであり、第 1 回締約国会議 (ベルリン) には間に合わなかった。

温暖化条約の条約交渉は、91 年 3 月に開始されるが、条約交渉の場である INC (政府間交渉会議) における、IPCC の立場は、研究者によって、こう要約されている。「国連総会が、INC 設置を決めたとき、各国の関与が必要に応じて変えられるような枠組み条約の成立を期待していた。しかし、第一段階でどの程度の関与が必要かという問いに対する手掛かりは、交渉の場には与えられなかった。IPCC の第 1 次報告書は、大気中の CO_2 濃度を安定化させるためには 90 年の人為的排出量を 50％以下に削減する必要がある、とは言っていたが、危険な気候変動を抑えるためにそれが必要とは言っていなかった。INC の場

では、この問いに答えることをIPCCのボリン教授は避けていた。このような問いに答えるためには、気候変動の影響に関する科学的に充実したアセスメントと、温暖化の影響のコストと、緩和と適応のための政策コストのバランスに配慮した最適の政策の評価に依拠することになるからである。IPCCは、影響について一部の分析を行っただけであり、第1次報告では適応の経済については、まったく分析していなかった。」(J.Lanchbery & D.Voctor：*Green Globe Yearbook* 1995,p.34)

　つまりIPCCという国連組織が、地球温暖化について人間活動との関係がある、と公式に認めたのは、92年の条約の署名から3年以上も後のことであった。しかも、決定的な証拠ではなく、にわかに開始された大規模な研究成果を、多数の研究者が読み込んで評価したものの総合であった。科学の場は、言わば永久法廷であり、IPCCは膨大な状況証拠の積み上げを行って、こう結論づけたのである。

　ところで、本書は、主権国家の間で繰り広げられる外交交渉の広がりを、少し抽象的に「国際政治空間」と呼んでおく。その国際政治空間は、ウィーン条約＝モントリオール議定書が成立（85年/87年）した後の、ほんの数年の間で、基本となる判断基準がとり換えられたことになる。モリナ＝ローランド論文（理論仮説）とオゾンホールの発見（証拠）という、明確な危機の判定が、ウィーン条約＝モントリオール議定書を成立させたのに対して、地球温暖化の場合では、いわゆる「予防原則」が採用され、科学的アセスメントが危機を確定するより前に、条約の作成作業に入ったことになる。「予防原則」とは、ある物質や行為による被害が予想できる場合、その被害が確認される以前に予防的に規制する考え方である。現在、先進国における環境規制は、一般的に予防原則に立つことにはなっているが、当然のことながら、規制の現場ではさまざまな異論がでてくる。ところが、ただでさえ決定を先送りする性向のある、国際政治空間がこのわずかの間に、予防

原則を採用し、温暖化条約を成立させることになった。

　実際、国連気候変動枠組み条約の第3条3項は、このような表現になっている。「締約国は、気候変動の原因を予測し、防止または最小限にするための予防措置をとるとともに、気候変動の悪影響を緩和すべきである。深刻なまたは回復不可能な損害の恐れがある場合には、科学的な確実性が十分にないことをもって、このような予防措置をとることを延期する理由にすべきではない」。ただしこれに続いて、「もっとも、気候変動に対処するための政策および措置は、可能な限り最小の費用によって地球的規模で利益がもたらされるように費用対効果の大きいものとすることについても考慮を払うべきである、云々……」という文章が付記されてはいる。

　しかしなぜ、国際政治空間は、突如、予防原則に立った、大スケールの国際条約を成立させたのだろうか。そもそも、予防原則が国際法の基本に取り入れられるようになった一因は、80年代に入って、欧州近海であるバルト海や北海において大規模な生態系の撹乱があったからである。赤潮の頻繁な発生、バルト海のアザラシの40％がウイルス感染で病死したこと、魚の病気の大量発生、水鳥の餓死などなど、因果関係は不明だが実際に甚大な害が認められるようになった。このため、ロンドン海洋投棄条約（London Dumping Convention）は、海洋投棄の原則禁止と予防原則に軸足を移すようになった。しかし温暖化問題の議論は、その害は近未来に予想される類のものであり、純粋な予防原則に立っている、と言ってよい。

「脅威一定の法則」：核の脅威の代替物としての地球温暖化

　地球温暖化に関しては、国際政治空間に向けてただちに条約の成立を迫る、危機的状況を訴える科学的データの集積は、十分と言うにはほど遠い状態であったとすると、この時期に突然、条約交渉に向けて各国代表を動かした動因は、科学の外部、国際政治空間の側にあったことになる。そしてこの時期、これだけ巨大スケールの国際条約を急遽成立させるだけの、国際政治における変動と言えば、それは何をおいても、冷戦の終結以外、何も見当たらないのである。

　基本的に、国際政治とは、軍事力を背景に国益の確保を争う場である。言い換えれば、「国際政治空間」とは、洗練されてはいるが軍事力による"相互恫喝"によって充たされた場であり、そしてこれに応じたさまざまな構造が作り込まれてきた、歴史の到達物である。国際政治空間＝相互恫喝空間という制度的解釈の起原は、1648年に欧州主要国が署名した、ウエストファリア条約にまでさかのぼる。これによって成立した国際政治の形は「ウエストファリア体制」と呼ばれる。この下では、ローマ教皇による幅広い政治介入は拒否され、国家はそれ自体が現世における最高権力（主権国家）となった。国家は領土を持ち、領土内の法的主権と、国家間での内政不可侵が確立し、国家は軍隊によって領土と国民の生命財産を守る立場（国家の第一の義務としての安全保障）にあり、国家間の争いは、話し合いによる解決を目指すが、最終的手段として戦争が存在する、という基本的な考え方の出発点となった。その後、欧州諸国は革命と戦争を重ね、近代国家の概念は、さらに明確になってきた。こうして国家は、軍隊を整え、徴兵制をしき、社会制度を整備してきた。だから今日に至るまで、国際機関が担う最も重要な業務は、戦後処理と軍縮である。

だからかつては、国際政治を分析する場合、安全保障に関わる課題を外交の本流とみなして「ハイ・ポリティクス」、通商問題などその他の外交課題を「ロー・ポリティクス」と呼んで、区別する考え方があった。国際政治がこのような本性であるかぎり、環境問題が外交テーブルに上げられることは稀であった。60年代に先進国はおしなべて高度成長に突入し、同時に深刻な公害問題を引き起こした。この時代、国際政治の場では、公害問題は「内政の失敗」と見なされ、国の体面を汚す恐れのあるこの種の課題が、外交課題になることはまずなかった。つまり国際政治の次元からすると、環境問題は、長い間、ロー・ポリティクス以下の位置に、留め置かれてきた。しかし70年代以降、長距離越境大気汚染条約（後述）のように、外交課題へ格上げにされるケースが現れ、冷戦後は、それまでに構築されてきた環境外交の枠組みが、がぜん機能し出すケースが出てくる（第2章を参照）。

　ウエストファリア体制の議論に戻ると、欧州主要国はその後、「列強」を形成し、新興国の日本やアメリカを巻き込んで二つの世界大戦を戦い、それらはいま、先進国と呼ばれる国々を形成している。両大戦をきっかけに、科学技術が大々的に軍事に導入されたが、なかでも第二次世界大戦中のアメリカは、とくに機能的に科学技術の研究動員を行った。その成果の一つが原爆の開発であり、それは戦争最末期に日本に投下された。

　さらに第二次大戦後は、休む間もなく冷戦に突入したため、軍事技術開発のための科学技術動員の体制が、とくに超大国では半世紀近く維持されてきた。冷戦の始まりは、スターリンの46年2月9日のモスクワでの演説と、同年3月5日に、チャーチルがアメリカ・ミズーリ州で行った「鉄のカーテン演説」にあるとされる。このときから、「ベルリンの壁崩壊」に続く89年12月のマルタ島での米ソ会談、もしくは、91年12月のソ連崩壊までの43〜45年の間、世界は冷戦状態にあった。

冷戦とは、主要国が東西両陣営に分かれ、ピーク時には合計約7万発の核弾頭を保有して睨みあった、未曾有の事態であった。米ソ超大国は、安全保障の道具立てとしては桁外れの、過剰な破壊力を手に入れ、国際政治空間は、核攻撃による威嚇という極端な相互恫喝が充満する陰鬱な場となった。地上を幾度もまる焼けにできる破壊力を装填させた冷戦体制は、近代精神が過剰に実現されてしまったという意味で、「超近代」であった。いまとなっては理解不能な過去になり始めているが、この根底にあったのは、激しいイデオロギー対立であった。政治イデオロギーの対立が、底なしの憎しみと恐怖をかきたて、米ソ両陣営は、あらゆる資源を安全保障上の対抗手段に投入した。こうして展開されたのが、核兵器の研究開発・大量生産・大規模配備と、これを支えるための体制であった。冷戦とは、科学技術を大動員して核兵器を軸とする壮大な軍事インフラ体系を構築し、更新し続けることであった。「核抑止」については別途触れる（第5章）。西両陣営は、自身の社会を明るい希望に満ちたものとするプロパガンダを流したが、その実、戦闘こそはない平時でありながら、常にGDP（国民総生産）の1割前後（ソ連は推定17％を投入）を直接、国防費に割かなくてはならない過酷な時代であった。だから、ベルリンの壁の崩壊後、最初にあがった声は「平和の配当」という、国防費負担の軽減への期待であった。

　歴史を一瞥すれば、人間は計り知れない恐怖を抱いたとき、もっとも効果的に知力を動員する習性があることがわかる。

　そのなかで、日本は、冷戦の過酷さを肌身で感じないまま21世紀に到達した、例外的な先進国である。その一つの理由は、戦後日本が憲法9条をもったからであり、それ自体は誇るべきことなのだが、他方で、それゆえの欠陥をもっていることを、われわれは自覚する必要がある。その一つは、冷戦遺産の性格をもつ現在の科学技術を考察す

る時、核兵器を軸とする軍事体系の素養を欠いていることである。本書は、地球温暖化問題と冷戦時代の科学技術との連続性を詳しく述べる（第5章を参照）が、それこそがあくまで20世紀後半の世界の実際の姿であり、現代の科学技術の来歴を露悪的に語ることを意図したものではない点は強調しておく（図1）。

　冷戦が終わると、アメリカの科学史の研究者によって精力的に冷戦研究が行われた。そしてそれによって改めて確認されたことは、この時代のアメリカの科学技術政策にとって、最優先課題は核兵器開発であったという、至極当たり前の事実であった。この、核兵器の開発研究を担った、軍＝大学＝軍事産業を横断する研究ネットワークは、「核兵器複合体 nuclear weapon complex」と名づけられた。このセクターが営々と築き上げてきた巨大技術体系が、冷戦時代の相互恫喝のハード部分であったのである。

　そして89年11月10日、ベルリンの壁の突然の崩壊によって、冷戦体制は一気に解体に向かった。この時、ほとんどの人間には感知されなかったのだが、国際政治空間には巨大な脅威の空隙が生じた。そして瞬時に、この真空を埋めるようとする国際政治の生理的反応が起こり、この作用によって、地球温暖化という新しい脅威が細部未確定のまま、外交アジェンダの順位表を繰り上げられたのである。

　言い換えれば、冷戦時代に米ソ間には、核戦争防止を意図した外交装置が、幾重にも組みあげられた。その中には、一見、米ソ軍事対決とは無関係に見える、仮装された国際機関も多数あった。ところがベルリンの壁の崩壊によって、これら多段階の核戦争回避のための外交装置の存在理由が、突然消失してしまい、瞬間的に「外交力過剰」状態が出現した。どうも国際政治空間（＝相互恫喝空間）はその生理として、一定規模の脅威を必須とするらしいのである。89年11月のベルリンの壁崩壊から、92年6月の地球サミットまでの2年半の間、

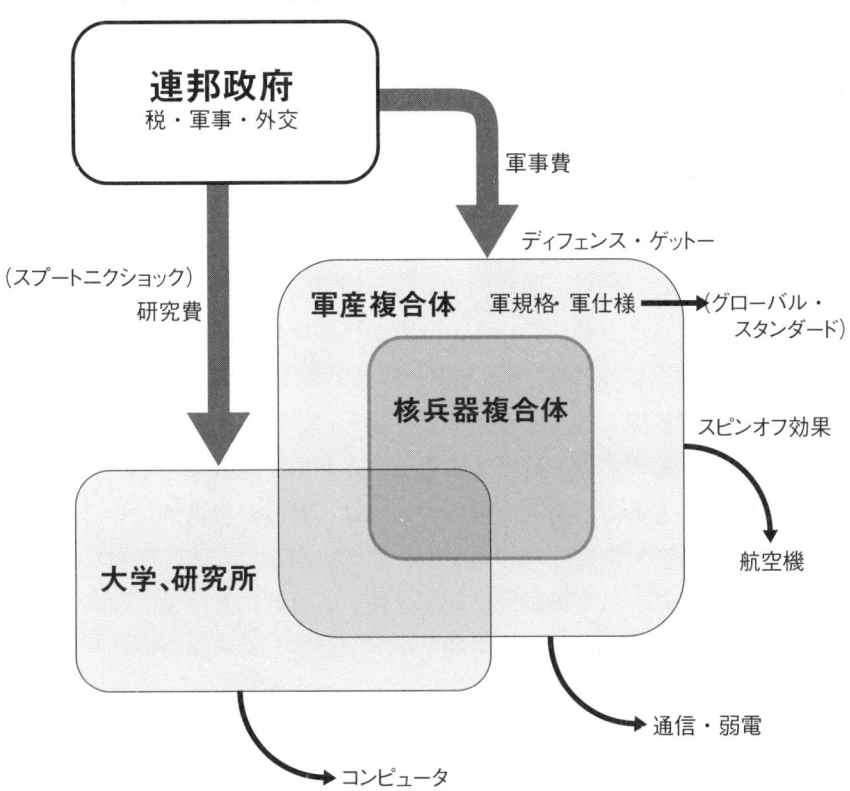

図1 冷戦国家アメリカの経済政策 →軍事ケインズ主義とFRBの金利政策

　そもそもアメリカ合衆国（United States of America）は、宗主国イギリスから自由13州が独立するために設けた暫定組織であり、合衆国憲法においては、連邦政府には税・軍事・外交しか権限が与えられていない。日本から見ると、産業政策（経済産業省）、教育政策（文部科学省）に該当する省庁がない。産業政策は「企業活動の自由」の領域であり、教育政策は州の権限にある。そのため第二次世界大戦前は、たとえば、何もしないフーバー大統領などが「良い大統領」であり、また、直接利益を生まない大学の基礎研究に連邦予算が投入されることなどありえなかった。しかし、第二次世界体制→冷戦（50年戦争）を経る過程で、連邦政府に権限のある国防部門を、経済政策・産業政策・科学技術政策として活用する方向性が編み出されてきた。不況になると、最大の官公需である国防費を膨らませ、高水準の技術と部品互換性が要求される軍需という実需を拡大して、世界最強の国防産業を育てて、そこからのスピンオフ効果で民生産業も育つという、実に迂遠な産業政策を採ってきた。「スピンオフ効果」概念そのものが、この体制を正当化するために使われ始めたものである。今日、研究大学（research university）と呼ばれる研究能力の高い、たとえばマサチューセッツ工科大学やスタンフォード大学などは、50年戦争を戦う過程で軍からの委託研究を受け、これによって研究能力と知財を蓄積した大学である。この時期の科学技術開発にとって最上位の使命は核兵器開発であり、冷戦後、アメリカの科学史家によって、この研究ネットワークは「核兵器複合体 nuclear weapon complex」と名づけられた。

第1章　地球温暖化交渉

国際政治空間には「脅威一定の法則」が作動したものとみられる。そして、それまで国連の場では議論がされてこなかった地球温暖化問題が、あっさり正規の外交課題に格上げされ、予防原則に立脚した壮大な温暖化条約が、短期間のうちに成立したのである（図2）。

考えてみると、「核戦争の脅威」と、「地球温暖化の脅威」との間には、いくつか共通点がある。第一に、双方とも地球大の脅威である。第二に、脅威に対する対応は各国の経済政策と深く連動している。これは少し説明すると、地球温暖化問題は化石燃料の使用を抑制することで各国の経済政策と直結している。一方、核戦争の脅威は、対抗手段として核兵器の生産・配備に国富を振り向けすぎると、旧ソ連のように、国そのものが崩壊してしまう。そして第三に、核戦争の脅威も、温暖化の脅威も、その実像を確認することがきわめて困難である。

むろん違いもある。重要な違いの一つは、脅威が後世に対して及ぼす影響の「質」である。繰り返すが、悲しいかな、人間は底知れぬ脅威を感じたとき、最も機動的に知恵を使い、これに対抗する性向がある生きものである。これは歴史的な事実で否定しようがない。だが核戦争の脅威を大きく見積ってしまうと、後世に残るのは、大量の核弾頭と戦車群である。他方で、温暖化の脅威を少々過大に見積もり、脅威の到来が予想より遅れたとしても、後世に残るのは、再生可能エネルギーや省エネルギー技術に関する技術開発と、その広範な投資である。後世代にとって、地球温暖化問題はなんと幸いな脅威なのだろう。ここでは癌になぞらえて、前者を「悪性の脅威 malignant threat」、後者を「良性の脅威 nonmalignant threat」と呼ぶことにする。

結局、温暖化条約は、20世紀後半の世界を秩序づけてきた核の威嚇から解放された多幸症的な空気の中から、一気に析出してきた輝く結晶であった。私は温暖化交渉を、91年秋のINC（政府間交渉会議）から主な会議を傍聴してきたが、92年6月の地球サミットの会場を

図2　国際政治における脅威一定の法則

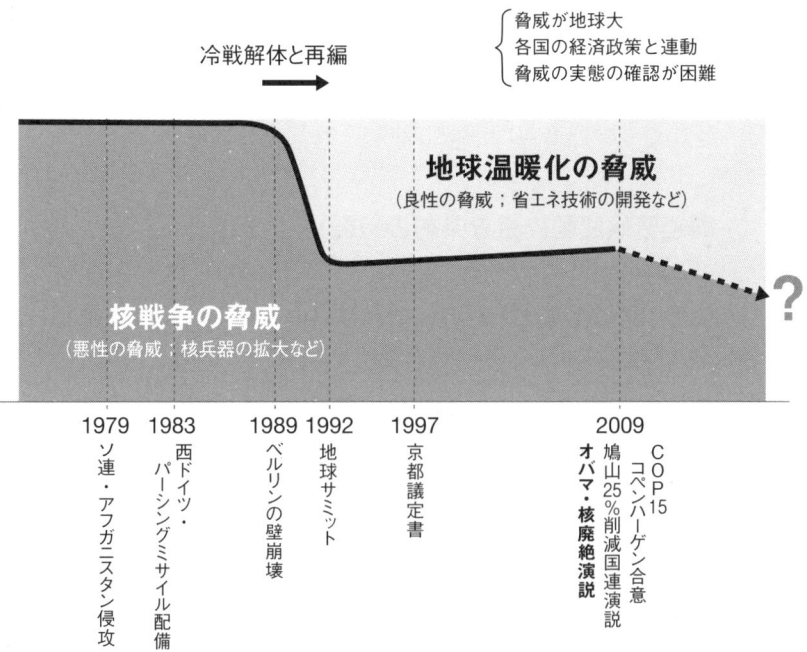

　冷戦時代には、核戦争の脅威が国際政治空間を充していた。ベルリンの壁の崩壊によって、一時的に脅威の空白が生じ、これを埋めたのが地球温暖化の脅威である。89年11月のベルリンの壁崩壊から、92年6月の地球サミットで国連気候変動枠組み条約が署名された、この3年7カ月の間、国際政治空間には「脅威一定の法則」が作動していたと解釈するのが妥当である。核戦争の脅威と地球温暖化の脅威は、①脅威が地球大、②各国の経済政策と深く連動している、③脅威の実態の確認がきわめて困難、の3つの点で脅威の性質がよく似ている。ただし、前者は核兵器や戦車群を整備させるが、後者は省エネ・再生可能エネルギーの研究や投資を促進させる、などという違いがある。癌のアナロジーを踏まえると、前者を「悪性の脅威」、後者を「良性の脅威」と呼ぶことができる。冷戦後、20年を経た09年は、再び「脅威一定の法則」が作動する転換点をむかえたように見える。

第1章　地球温暖化交渉

包んだ、天にも抜けるようなあの高揚感は、その後、二度と体験できてはいない。参加者全員が幸福感に満ちたあの感覚こそが、温暖化条約という理想主義的な国際合意を結実させた源動力であった。その後、地球サミットで頂点に達した高揚感がじわじわ減衰していくなかで、京都議定書やその運用規則が取り決められてきた（表2）。

国連気候変動枠組み条約の特徴

予防原則に立つ温暖化条約の、それ以外の突出した特徴を確認しておこう。

第一に挙げるべきは、この条約が、茫漠としたものであった地球温暖化という脅威に対して、国際交渉の対象となりうるまでに具体的な言語表現を与え、政治的課題として具現化することに、ほぼ成功していることである。きわめて限られた交渉スケジュールの下で、多様な価値観・理想・思惑が渦巻く中、海千山千の政府代表が濃密な交渉を重ねて練り上げたのだが、その条文の体系としては格調が高く、読む側に一種の感動を与えるものにすらなっている。その第2条の「目的」は、こういう表現になっている。

「……気候系に対して危険な人為的干渉を及ぼすことにならない水準において、大気中の温室効果ガスの濃度を安定化させることを究極の目的とする。そのような水準は、生態系が気候変動に自然に適応し、食糧の生産が脅かされず、かつ、経済開発が持続可能な様態で進行することができるような期間内に達成されるべきである。」

なんと条約の目標には、大気の化学的組成を危険な気候変動をもたらさないよう、人間の意思のコントロール下に置くことが掲げられているのだ。歴史が始まって以来この方、人類が一度たりとも構想したことがなかった、超長期の視点から、大気中の特定の物質を制御する

表2 温暖化交渉の経緯

	国際交渉	科学的活動
●1985		フィラハ会議 （最初の科学的アセスメント会議）
●1988	国連総会、IPCC設置承認	
●1990		IPCC第1次報告書
●1992	国連気候変動枠組み条約妥結 地球サミットで枠組み化条約署名開始	
●1994	枠組み条約発効	
●1995	第1回締約国会議 （COP1:ベルリン）	IPCC第2次報告書
●1997	COP3（京都）、京都議定書妥結	
●2001	アメリカが京都議定書離脱を表明	IPCC第3次報告書
●2005	EU-ETS試行開始 京都議定書発効	
●2007		IPCC第4次報告書
●2008	京都議定書第I約束期間始まる （2008～2012年）	
●2009	COP15、コペンハーゲン合意	

ことを、国際法の形で宣言している。これほど大きなスケールの条約締結は、オゾン層保護を目的として、特定の人工物質の使用・製造を禁止したウィーン条約＝モントリオール議定書の先行モデルを、軽々と乗り越えてしまっている。

　時間をさかのぼると、国連総会は、90年12月の国連決議(45/212)で、「国連総会の支援の下に、単一の政府間交渉プロセスとして政府間交渉会議（INC）を承認する」とし、温暖化条約の交渉テーブルを用意した。この条約が地球サミットで署名されることは政治的に決まっていたから、91年2月4日の第一回 INC 会合（INC1、米バージニア州、チャンテリー）から、92年5月9日の INC5（ニューヨーク）第2部終了までの、わずか15カ月間で、すべての条文の交渉が決着した。国連海洋法条約が、交渉のキックオフから妥結までに14年かかったのと比べると、この速さは尋常ではない。しかもこの条約は、温暖化問題に対して国際交渉が可能な形の条文表現を与えたのであり、このことが逆に、多様な利害がせめぎ合う国際社会に対して、議論の道筋を提示することになった。専門家の集団としての英知が、条文作成の過程で瞬発的かつ濃密に発揮されたのであり、「国際合意文書の華」とすら言ってよい。

　第二に、地球大気の化学的組成を制御することを目的としているために、条約表現として用いられる概念は、ほぼ自動的に自然科学の学術用語が流用される形となった。これにより、自然科学の概念と国際条約とが、文字通り融合し一体化している。実際、第1条で用語を定義しているが、これらはみな、地球科学における学術用語からの転用である。例えば、気象系（climate system）、発生源（source）、吸収源（sink）、貯蔵庫（reservoir）などが、それである。

　第三に、地球温暖化問題の名の下で国際交渉の対象となる大半のアジェンダは、冷戦時代には二次的な地位にあった南北問題を表現しな

おしたものであり、条約全体が、旧来の南北問題を、改めてなぞるような形になっている。ほんらい国際条約は、主権国家が対等の立場で参加するのが建前である。だが一方で、その時点での国際政治の構造が反映されることも避けられない。そしてこの条約では、先進国と発展途上国が画然と区分されているのである。条約本文中で、当然のことのように「先進国 developed countries」と「発展途上国 developing countries」いう表現が採用され、「先進締約国」に該当する国々が「付属書Ⅰ」に列記されている（表3）。

冷戦時代、一般に先進国と言えば、西側では OECD 加盟国のことを意味し、公式的な場でも間接的にそう表現されてきた。付属書Ⅰには、その OECD 諸国（EU を含む）と、旧・ワルシャワ条約機構（91年7月に解消）に属していた国々が、冷戦後分離した国も含めて、列挙されている。これら付属書Ⅰ国は、温暖化問題は先進国がとくに責任をもつべきだとする「先進国責任論」の見地から、論証なしに、率先して温暖化対策に取り組むもの、と決められている。

この意味において、温暖化条約は明らかな差別化条約であり、条約本体がこれほどはっきりと差別化表現を用いている例は少ない。代表的な差別化条約は核不拡散条約である。核不拡散条約は、67年1月までに核実験を行った国と、それ以外の国では、核燃料物質の扱いに関して、まったく異なった国際管理の下に入ることが決められている。

第四の特徴は、温暖化条約では「国家主権の尊重」と「発展の権利の重視」が、繰り返し強調され確認されていることである。これらの原理は、条文交渉の過程で、発展途上国の基本的主張として「グループ77および中国 G-77 and China」の名で主張され続けたものであり、それらは、第3条「原則」の前半部分で、「共通だが差異ある責任」と「持続可能な開発を促進する権利」として明記されている。そしてさらに念をおす形で、「（温暖化対策のためには）経済開発が不可欠であるこ

表3　国連気候変動枠組み条約・付属書Ⅰ

オーストリア	ハンガリー　＊	ポルトガル
ベラルーシ　＊	アイスランド	ルーマニア　＊
ベルギー	アイルランド	ロシア連邦　＊
ブルガリア　＊	イタリア	スロヴァキア　＊
カナダ	日本	スロヴェニア　＊
クロアチア　＊	ラトヴィア　＊	スペイン
チェコ　＊	リヒテンシュタイン	スウェーデン
デンマーク	リトアニア　＊	スイス
EU	ルクセンブルク	トルコ
エストニア　＊	モナコ	ウクライナ　＊
フィンランド	オランダ	イギリス
フランス	ニュージーランド	アメリカ
ドイツ	ノルウェー	
ギリシャ	ポーランド　＊	

（＊市場経済への移行過程にある国）

とを考慮し、……（各国の温暖化対策は）個別の事情に適合させたものとして、各国の開発計画に組み入れられるべきである」と表記されている。すでに中国は、07年に最大のCO_2排出国となったが、温暖化条約上の発展途上国という立場を徹底的に活用し、「開発の権利」や、国家としての「経済主権」を繰りかえし力説するようになっている。だが中長期的には、中国やインドがどのような原理にたって行動するかが、温暖化交渉の行く末に大きな影響をもたらすのは明らかである。これついては、「第8章　課題としての中国」の項で考えてみる。

第五に、付属書Ⅰ国のうち、旧共産圏諸国には＊印がつけられ、「市場経済への移行過程にある国」という注釈が付されている。これらの国々は、先進国が負う義務のうち、発展途上国の温暖化対策に対して資金や技術の面で援助することなどが免除されている。温暖化条約の中では、「工業国」とも呼ばれる付属書Ⅰ国には二種類が存在し、そのうち、旧共産圏諸国は、市場経済への移行過程という経済的に困難な状態にあるために、地球次元での資金的協力は求められていないのである。つまり、付属書Ⅰにある奇妙な＊印は、温暖化条約が冷戦終焉という、国際政治の大変動に直結するものであることを示す証拠でもある。いわば、冷戦体制が「陰」だとすれば、国連気候変動枠組み条約は、冷戦体制に対する合わせ鏡のように、89年11月以降のわずかな間に展開された、「陽」の体系だとも言ってよい。

　第六に、この条約のなかで二分類された先進国と発展途上国に関して、温暖化問題への責任と義務の程度を表すのが、「共通だが差異ある責任 common but differentiated responsibilities」という原則である。この差別化原理は、条約が策定された時点においてその基本に置かれたものであるが、21世紀に入って、中国やインドなどがCO_2排出を急増させており、矛盾の元凶になり始めている。

　第七に、条約自体は、温暖化問題全体を的確に描いたものになっており、予想される温暖化の害に対する緩和策（mitigation：実際にはCO_2排出削減策）だけではなく、温暖化が不可避とみられる将来に対する適応策（adaptation）にも同等に言及している。しかし、条約策定に続く議定書交渉では、議論の対象は緩和策であるCO_2排出削減策に焦点が絞り込まれ、付属書Ⅰ国が率先してCO_2排出を削減することだけが交渉の対象となった。このような外交アジェンダを決定するのに圧倒的な外交力を発揮したのがEC（当時：93年11月以降はEU）であった。なかでも、90年10月に東西ドイツの再統一を実現さ

せた「再統一ドイツ」は、地球サミットにおいて温暖化条約に署名して以降、第1回締約国会議（COP1：COP は Conference of Parties の略）をベルリンで開くよう宣言し、その実現に向けて精力的に働きかけを行った。

　第八に、条約の発効（94年3月）に続いてただちに議定書交渉に入ることの根拠と、CO_2 排出を算定する基準年を1990年にすることの起源が、条約の本文中にあることである。それは第4条2項（a）の次のような一文に由来する。「人為的な排出の量を1990年代の終わりまでに従前の水準に戻すことは、……（温暖化対策に）寄与するものであることを認識し……」というものである。このくだりは、条約交渉の初期の段階から、EC が「先進国は極力早い時期に CO_2 排出を安定化すべきであり、具体的には2000年までに90年の排出水準にまで減少させること」をその基本的立場としてきており、その残滓である。しかし、アメリカのブッシュ（父親）政権が、条約の本文中にこのような具体的な数値目標が明記されることに難色を示した。そこでその妥協策として、条約第4条の「約束 commitments」という、曖昧な宣言群の文章のなかに押し込められたものである。

90年代欧州における CO_2 排出量の減少

　いま振り返ると、皮肉なことに、付属書 I 国だけを見れば、旧共産圏諸国の CO_2 排出量が冷戦後に激減したため、「2000年までに90年の排出水準にまで減少させること」という目標は、軽々達成されていた（図3）。

　つまり、温暖化問題は、理念的な温暖化条約一本であれば、2000年の CO_2 総排出量は90年の総量以下となったことで、CO_2 削減問題に関する国際的対応は終わっていた可能性がある。ところがアメリカ

図3 国連気候変動枠組み条約・付属書Ⅰ国の温室効果ガス排出 （条約事務局ホームページより）

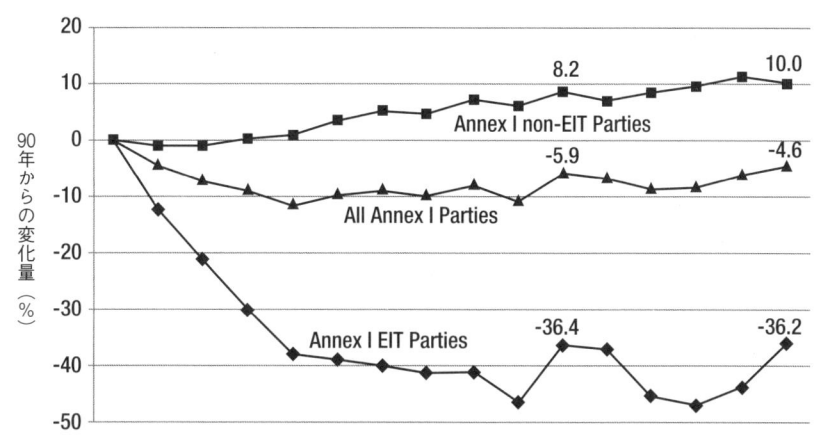

CO_2の排出（吸収率を含む）

90年からの変化量（%）

	1990	1991	1992	1993	1994	1995	1996	1997	1998	1999	2000	2001	2002	2003	2004	2005
	0.0	-12.6	-21.0	-30.0	-37.9	-39.0	-39.8	-41.2	-41.1	-46.7	-36.4	-37.3	-45.8	-46.9	-43.6	-36.2
	0.0	-1.4	-1.4	0.2	0.7	3.6	4.9	4.2	7.0	6.0	8.2	7.0	8.3	9.3	10.8	10.0
	0.0	-4.9	-7.6	-9.4	-11.5	-9.9	-9.3	-10.2	-8.2	-10.7	-5.9	-7.0	-8.9	-8.5	-5.5	-4.6

◆：付属書Ⅰ国のうち旧共産圏諸国
■：同じくOECD諸国
▲：付属書Ⅰ国全体

　90年を基準に、付属書Ⅰ国全体のCO_2総排出量は、2000年現在では90年より少なく、気候変動枠組み条約が当初案通りの理念条約であったとすれば、その数値目標は、実は労せずして達成されていた。冷戦時代の共産圏国は、エネルギーは生産力の要として安価大量供給を原則とした社会であったため、省エネルギーという発想がまったくなかった。そのため計画経済の停止と市場経済への移行にともなう経済の混乱、エネルギー部門の構造調整による西側の価格基準へ切り替え政策によって、90年代には東欧諸国のCO_2排出は激減した。加えて、EUも冷戦時代のようなエネルギー安全保障への配慮が不要となり、ロシアからの天然ガス購入が増大した。このため、欧州全域でCO_2排出量は減少した。

の反対で逆に、「先進国のCO_2削減の目標設定」というアジェンダが形成され、それが先送りとなった。この課題が形を成したのが京都議定書である。

　アメリカが、EC提案を拒否した理由は、アメリカ経済の実態から見て、それは突拍子もないほど非現実的なものであったからである。だがこの時、ホワイトハウス高官が挙げた理由は、大統領はこの問題で具体的数値を外交的に約束する権限を与えられてはいない、というものであった。アメリカ連邦議会は、通商交渉では期限を限ってこの種の権限を大統領に与えることがある。ただし、地球サミット時点でこの件は、温暖化問題について明文化されたものはなく灰色の領域であったのだが、アメリカを条約内に引きとどめるには、この理屈を認めるしかなかった。実は、アメリカの統治機構は権力分散が徹底されており、外交政策は最終的には上院外交委員会で承認される必要がある。こうなると、温暖化という地球大のスケールの問題を考えるには、統治形態や政治スタイルの違いをも視野に入れておく必要がある。

　広義の政治状況への配慮という面では、型破りなほど野心的な温暖化対策の目標を、条約に盛り込もうとしたEC（現EU）についても、考えておく必要がある。当時のECには、経済活動の根幹であるエネルギー消費に関して、温暖化交渉の場でにおわせたような、CO_2排出の削減幅を加盟国に対して配分するような権限は与えられていなかった。にもかかわらず、ECは、他の先進国の代表団がショックを受けるほど大胆なCO_2排出削減策を提案した。その理由は、交渉が始まった91年春の時点で、欧州全域でCO_2排出量が減少傾向にある確かなデータを手にしていたからである。89年11月9日のベルリンの壁崩壊、これに続く90年10月3日の東西ドイツの再統一を経たこの段階になると、眼前でCO_2排出が減少していることが見て取れる状態にあった。計画経済の停止と、その後の市場経済への移行にともなう経

済の混乱、非効率で極端に安いエネルギー価格の西側基準へ切り替えによって、90年代前半、東欧圏のCO_2排出は激減した。加えて後述するように、旧西側諸国も、冷戦時代に採用したエネルギー安全保障への配慮が不要となり、欧州全域で一時的にCO_2排出量は減少した。

　外交は内政の延長である。だから欧州全域で生じたCO_2排出量減少という事態を、「ECが率先して取り組む温暖化のための削減政策」という、別の政治的意味を吹き込み、温暖化交渉のテーブルにおいてレトリックとして用い、他国を戸惑わせることは、EC外交団が考えて当然のことであった。これによって、国際政治における「倫理的高地 ethical highpoint」に立ち、温暖化交渉のイニシアチブをとれるからである。この外交戦略は大成功を収め、2009年の「コペンハーゲン合意」までの約20年間、温暖化交渉の場はEUが主導し、その理想主義的な外交が大きな影響力を持ち続けたのである。

　内政面で達成が確実視される政策による成果を、外交テーブルにも上げて、国際政治次元の意味を追加的に付与し、同じ政策課題を内政と外交の両面からダブルカウントする手法は、欧州では酸性雨外交で先例を積んできている。つまり一つの環境政策を、内政・外交の両面でその政治的意義を増幅させ、これによって政策をおし進める政治手法は、後述するように70年代以来の、長距離越境大気汚染条約の体験を引き継ぐものである。

理想主義の結晶——京都議定書

　さて前述したように、92年6月の地球サミットの終了直後、ドイツは第1回締約国会議（COP1）をベルリンに招致する旨、宣言した。このとき、東西ドイツの再統一後、まだ2年を経ていない状態にあったが、この提案は新生ドイツの意気込みを示すものとして、INCで

承認された。各国での温暖化条約の批准手続きは粛々と進み、94年3月21日に条約は発効した。条文の規定によって、1年後の95年3月27日〜4月7日に、ベルリンでCOP1が開かれた。冷戦時代、ボンにあった旧・西ドイツの政府機関は、建設中のベルリン官庁街に引越の最中であったが、この会議に対するドイツ政府と新生ベルリン市の支援は特別であった。世界中から関連する公的機関やNGOが大挙して集結し、非常な盛り上がりとなった。COP1が、東西対決を象徴した「ベルリンの壁」が崩壊した場で開かれたことの意義は、きわめて大きかった。欧州の人間、なかでも再統一後ドイツ人にとって、COP1・ベルリン会議は、過酷な冷戦の終焉と、来るべき地球温暖化問題との連動性を直感に訴える、強いメッセージ性をもっていた。

COP1は最終日に、「ベルリン・マンデート」と呼ばれる一連の決議を採択して終了した。その本体をなす決議文書は、「ベルリン・マンデート：議定書およびそのフォローアップの決定に関係する提案を含む、条約第4条2項（a）および（b）の十分性（adequacy）についての検討」（Decision 1/COP1）という表題の、わずか3ページのものである。明らかにこの決議は、温暖化条約の第4条2項（a）および（b）をその国際法上の根拠としている。そしてそこにあるのは、先ほど引用した、「人為的な排出の量を1990年代の終わりまでに従前の水準に戻すことは、温暖化対策に寄与するものであることを認識し」という、アメリカが条約交渉の過程で拒否した一文なのである。ベルリン・マンデートの要点はこうである。「条約第4条2項（a）および（b）に示されている、付属書I国の関与を強化する目的のために……、例えば2005年、2010年、2020年という時間枠を設けて、付属書I国のCO_2排出量の制限もしくは削減を数値化し」、これを97年のCOP3の成果とすること、である。そして日本が、COP3を京都で開催することを名乗り出、後に承認されたのである。

つまりベルリン・マンデートの本旨は、条約第4条2項(a)および(b)の中に書き込まれているものを具体化する工程表の決定である。そして実際には、91年以来のEUの主張である「具体的数値が明示された先進国優先削減論」が、条約本文では曖昧な表現にとどまったのに対して、その「十分性」を担保するよう、EUがかねての主張を蒸し返し、これを97年中に実現させることを、明確な形にして決議にまでもち込んだものである。EUの圧倒的な外交力と、ベルリンというホーム試合での勝利と言うよりない。冷戦の記憶がまだ生々しく残る、ベルリンという不思議な都市が醸しだす救済に似た感覚、そして、地球サミットの折の精神的高揚が慣性として、温暖化交渉のテーブルをなお包んでいた。

　実は、COP1ベルリン会議に、温暖化に対する人為的影響を正式に認めたIPCC第2次報告は、間に合わなかった。つまり、予防原則に立脚した理想主義的な宣言的条約であった国連気候変動枠組み条約のうち、その理想主義的部分が純化されたのが、ベルリン・マンデートとその帰結である京都議定書であったと言ってよい。

　ここで言う「理想主義」とは、①人間の化石燃料消費によって気候変動が生じ始めていることを科学的事実と認め、新たな脅威として認めること、②想定される被害を緩和（mitigation）する目的で、「共通だが差異ある責任」のうち、先進国の義務に焦点を合わせ、先進国のCO_2排出削減の数値目標を定め、それを実施することを主張する政治的立場である。前者が脅威に対する認識、後者がその対応策であるが、この立場は適応（adaptation）には言及しない。そしてEUは、91年初めの温暖化交渉の開始時から一貫して、この理想主義的なアジェンダ形成をその外交目標としてきた。温暖化が人間の活動由来のCO_2排出で引き起こされる脅威であることを、IPCC報告を待つことなく認め、先進国が率先してCO_2を削減するベルリン・マンデートとい

表4 京都議定書の主な内容

- 条約付属書I国の削減幅の法的決定
  1990年の排出量を基準に、2008〜2012年の5年間平均で、

EU	−8%（EUバブル）
米	−7%
日	−6%
カナダ	−6%
オーストラリア	+8%
アイスランド	+10%
ロシア	0%
ウクライナ	0%　など。

- 柔軟性措置としての京都メカニズム
  共同実施、クリーン開発メカニズム、国際排出量取引

- 発効：付属書I国の90年のCO_2総排出量の55%以上にあたる国が、批准した日の90日後

う交渉枠組みを、国際合意として決議させ、これに従って京都議定書を実現させたことは、紛れもないEU外交の勝利であった。

　京都議定書そのものについては多くの解説があるので、政治的な観点から、主な特徴について議論しておく（表4）。

　もはや現代史の対象とすべき京都議定書ではあるが、これを客観的に評価しようとする態度は、日本ではまだたいへん希薄である。

京都議定書の特徴は、まずは何をおいても、先進国の排出削減目標を数値で定め、その遵守を義務づけたことである。具体的には、90年の温室効果ガスの排出量を基準に、2008年〜2012年の5年間平均で、EU：－8％、アメリカ：－7％、日本：－6％の水準にまで削減することを義務づける。そして、この削減目標を確保するための緩和措置として、「柔軟性メカニズム」と呼ばれる三つの方法が、新しく考え出された。共同実施（Joint Implementation：付属書Ⅰ国の間で行われるCO_2排出削減などのプロジェクト）、クリーン開発メカニズム（Clean Development Mechanism：付属書Ⅰ国とそれ以外の国の間で行われるCO_2排出削減などのプロジェクト）、国際排出量取引、がそれである。

　第一にとりあげるべきは、なぜ欧州諸国は、EU－8％と一律に示されるのか、という問題である。この問いは、EUという組織としての特性に関わってくる。一律に提示されることの根拠は、EU加盟国のEU域外との通商交渉は、すべてEU委員会が統括することがEU条約で定められており、温暖化交渉はこれに該当する対象だからである。京都議定書においても、冒頭に近い第4条「共同達成 Joint Fulfilment of Commitments」で、EU型の「地域的な経済統合のための機関」を媒介にした目標達成の形式をはっきり認めており、その理論化が行われている。京都議定書の交渉にとって、当初からEU条項が重要課題の一つであったのであり、その反映である。これに従って決められたEU－8％は「EUバブル」と呼ばれ、議定書に署名した時点でのEU15カ国が全体として引き受けるべき削減数値となった。これを受けてEU内部では、加盟国の国情に合わせて削減幅を再配分している。各加盟国の実際の削減数値は、「負担分配合意 Burden-Sharing Agreement」という政治決定によって、幾度かの調整を経た上で、90年を基準に、例えばイギリスは12.5％減、ドイツは21％減、フランスは0％減、スペインは15％増などと再配分が決まった（表5）。

この再配分の数字は、COP8において条約上も承認された。結果的にEU加盟国は、京都議定書として果たすべき義務を、EU内部での削減義務の幅の融通と、それを踏まえた上での各国の温暖化政策の選択という、二段構えの調整機能を享受していることになる。言い換えれば、温暖化条約の下では、EU加盟15カ国は一括して付属書Ⅰ国に列挙された先進国として扱われているのに対して、京都議定書の削減義務に関しては、EU域内で第二の調整が行われ、ギリシャやスペインに対しては化石燃料消費の増大を認める、事実上の南北間調整が行われているのである。
　EUによる、京都議定書という制度の徹底的な活用という点に関しては、排出量取引の場合において、再度議論する。
　第二に、EU内部では、このように国情に合わせた排出量削減や上限数値を決める再調整を享受しているのに対して、先進三極の次元でみると、EU：－8％、アメリカ：－7％、日本：－6％という、わずか1％差の、事実上同率の削減数値で妥結している政治的意味について考えておくべきである。実は、温暖化交渉においてEU代表団は、COP3京都会議の最終日ぎりぎりまで、具体的数値は示さなかった。ただし、交渉テーブルの外側ではEUの基本的な立場は－15％であるとする見解が流され続けた。たとえば、97年3月のEU外相会議の時点で、EU加盟国間での負担分担割合を決定したのだが（この時の負担分配合意はEU全体で－9.2％）、このときの外相会議は、さらにこれに上積みする目標として、先進国の一律15％削減を決議した。京都議定書のための政府間会合の場では、波状的にさまざまな削減目標が提案され、議論された末に、COP3最終日の夜、ぎりぎりにEUが示したのが、EU：－8％、米：－7％、日：－6％、という数字であった。
　97年末ともなると、欧州全域で一時的にCO_2排出が減っていることは常識であった。すでに触れたが、もともと旧・共産圏諸国はエネ

表5　EU内での負担分配合意

(COP8で承認)

京都議定書による量的削減（90年基準）

EU　　　　　92%

京都議定書第4条1による量的削減（90年基準）	
ベルギー	92.5%
デンマーク	79%
ドイツ	79%
ギリシャ	125%
スペイン	115%
フランス	100%
アイルランド	113%
イタリア	93.5%
ルクセンブルク	72%
オランダ	94%
オーストリア	87%
ポルトガル	127%
フィンランド	100%
スエーデン	104%
イギリス	87.5%

　EUは、京都議定書では一括して－8%が義務づけられたが、京都議定書第4条「共同達成」によって、EU内での再配分が認められている。この制度によって、EU加盟国だけは、2段階のCO_2排出削減の調整作業を享受することになった。先進国扱いでありながら実質的な南北間調整が行われ、また新しいエネルギー政策の採用にともなう国ごとの実情を考慮して、削減負担の再配分が行われた。そしてその結果は、COP8の場で正式に承認された。

ルギー効率が極めて悪かったのだが、市場経済への移行に伴う経済の停滞と、欧州復興開発銀行（The European Bank for Reconstruction and Development（EBRD）：91年4月、ロンドンに設立）の融資などによる国際的なエネルギー基準の強制的な採用によって、東欧諸国のCO_2排出は劇的に低下した。東西両タイプの経済を統合したドイツの体験によると、90年代中期の時点での統一による削減効果は、全ドイツCO_2排出量の－12％に当たると算定されている。これに加えて、冷戦時代のようなエネルギー安全保障に対する配慮が不要となったため、EU諸国は「エネルギー自由化策」の名の下に、国内炭の補助金を停止し、ロシア産の天然ガスの購入を拡大した。エネルギー原単位当たりでは、天然ガスのCO_2排出は他の化石燃料より少ない。こうして、一次エネルギー部門の構造転換が起こったことで、EU全体のCO_2排出は減少した。これらすべては、冷戦終焉に起因する経済変動による効果であり、温暖化対策による政策成果ではない。

　COP3（京都会議）の最終日夜にEUが提示した削減数字（最終的に京都議定書として採用）には、次のような政治的意図が込められていた。一律15％削減という、他先進国が困惑する、しかし環境NGOなどからは評判の良い削減目標からすれば、EUが他先進国に大幅に妥協したように見え（EUの削減幅は通説の半分）、かつ、欧州のCO_2排出が別の政治経済的事情で減少している事実を、極力小さく見せながら、先進国の共通だが国情に即した削減の責任を、微妙な数値の差によって示してみせたのである。EU案が出されたとき、京都国際会議場の時計は数時間を残すのみであった。この時、首脳級としては一人、京都にまで乗り込んできたアル・ゴア米副大統領（当時）は、橋本龍太郎首相に直接電話をし、自分はこの案に署名するよう本国政府を説得するから、日本もこれを認めるように、と説き伏せたのである。ベルリン・マンデートが定めたCOP3最終日である12月11日深夜、京

都国際会議場は12時ですべての時計をストップさせ、デッドラインぎりぎりで、議定書が採択されたのである。このとき、通商産業省（当時：2000年以降は経済産業省）は、考えうるあらゆる政策を動員したとしても日本は－0％がやっとだと、激しく抵抗した。いまとなっては、通産省の判断の方が正しかったのは明らかである。

　ただしこれをもって、巧妙な情報操作によるEU外交に日本がはめられた、と考えるのはまったくの誤りである。EUの担当官僚は、加盟国全体の利益確保のために「インテリジェンス」を働かせて、温暖化交渉での最適の戦略を組み立てるという、当然の責務を果しただけである。普通の国であれば、冷戦終焉という歴史的変動の中で東欧諸国がどのような経済状態にあるか、関心を払い分析するのは当り前である。COP3が行われた97年末ともなれば、東欧経済がどのような経過をへて、どのような政治的意思の下にあるか、把握するのは容易であった。例えば日本は、EBRDの第2位の出資国であり、そのレポートに目を通していれば、東欧でCO_2排出が激減していることは簡単に読みとれたはずである。

　これらの事態を圧縮して見晴るかしてみると、冷戦後に重要な外交課題となった温暖化問題に関して、日本が大失態をしたかのような図柄が、浮かび上がってくる。だがこの視点にたって、日本の官僚や政治家の中にこの失敗の責任者を見つけ出そうとしても、徒労に終わる。この事態を端的に言えば、新しい外交課題である温暖化問題に関して、国益実現のために俯瞰的な視点に立って、温暖化外交の戦略を組み立てるセクターを、日本は持っていなかったからである。先進国としては考えられない、この奇妙な光景は、後述するように、京都議定書の批准過程でも表出した。ここまでくるとこの事態は、現代日本の奥深くに刷り込まれている、独特な「価値観」が反映したものと考えるよりない。その価値観や、これに由来する「権力観」がどのようなもの

であるか、については、最終章で解釈を試みる。

　第三に、京都議定書では、先進国一般に厳しい削減が課せられたのに、旧共産圏諸国の付属書Ⅰ国に対しては、非常に緩い、寛容な排出枠が認められた。表向きは、経済の混乱で正確なデータがないというのがその理由で、ロシアやウクライナは90年比−0％と決められた。しかしこの時点ですでに、これらが過剰配分であるのは明らかで、近い将来これによって生ずる余剰な排出枠は「ホット・エアー」と呼ばれるようになった。一時、これが、他の先進国に高い値で売りつけられるのではないかと心配もされた。東欧の経済状態を知悉しているはずのEUが、なぜ東欧諸国には甘い数値を認めたのか、不明である。

　第四に、より根本的な問題として、そもそも将来のCO_2排出削減を国ごとに数値で割り振る権限が京都会議の場に与えられていたか、という疑問がある。国連気候変動枠組み条約は確かに、「気候系に対して危険な人為的干渉を及ぼすことにならない水準において大気中の温室効果ガスの濃度を安定化させる」という壮大なスケールの目標を掲げている。大多数の国連加盟国がこの条約を批准しており、押しもおされぬ国際合意文書である。それが、理想的な目標と行動原理を掲げるだけの「宣言的条約」であるのなら、ラジカルな条文表現が含まれていたとしても、現実政治とは大きな齟齬は生じない。だが、そこに掲げられた目標を達成するために、一足飛びに、事実上の経済活動そのものであるCO_2排出量に関して国ごとに抑制的な数値を定めること、さらにそれを加盟国に遵守させること、これほどラジカルな権限を、温暖化交渉のテーブルが本当に授権されている場であるのか、授権されているとしたら、その正当性や法哲学的な論議は十分なされてきたのか、という問いである。

　一般的に通商交渉の場で、各国代表が最大限に神経を使い、慎重に回避しようとする事項の一つが、将来の経済指標に関わる数値につい

て、具体的に言及することである。例えば、1980年代末から続けられている日米の経済協議において、公式文書の中で具体的数値が言及されることはない。その理由は、国内の経済政策は主権国家の権限そのものであるという法理と、そもそも一国の、とりわけ先進国の経済実態を政府がコントロールしようとすること自体不可能である、という共通認識があるからである。

　京都議定書は、付属書I国に対して、数値化されたCO_2排出量の上限を設け、その遵守を課した点で画期的であり、むしろ国際合意としては異端的ですらある。だが、ベルリン・マンデート→京都議定書を主導したEU代表団は、他国の交渉担当者に対して、その潜在的な異端性を気づかせないほど、交渉態度は自信に満ちあふれ、提案には迫真性があった。繰り返すが、これは、EUが巧妙な外交戦術を駆使したというのではない。それは、EUの温暖化外交に関する理想主義的なポジションが、EUという政治的な意思決定機構を通して形成されてきた、正当性と透明性をもつ公的なものであった。政治的正当性が付与されているEUの削減提案に対して、改めて温暖化条約の根源にさかのぼり、CO_2排出量を国別に数値化することの国際法上の妥当性について議論をうながす、非EU圏の政府代表がいなかっただけである。温暖化条約の交渉の初期における、ブッシュ（父親）政権時代のアメリカ政府高官の、「大統領（行政府）はこの問題で具体的数値を外交的に約束する権限を与えられてはいない」という発言を思い出してほしい。そうである以上、京都議定書という異端的なにおいすらある国際合意の成立によって、COP3に参加した各国代表すべてが、消極的にしろ、EUの理想主義を受け容れたことを意味する。

　翻って、EUやEU加盟国の政治感覚からすれば、外交テーブルにおいて、国ごとに排気ガスに関してシーリングを設定したり、排出量を割り当てたりすることに関して、まったく違和感はない。後述する

ように欧州では、こういう形のアジェンダ設定に関しては、長距離越境大気汚染条約（LRTAP条約）機構という、純然たる政治的現実が先行しているからである。とくにオスロ議定書の成立（94年）以降、LRTAP条約締約国会議の場で、加盟国ごとに、数年先までの排出枠の数値が割り当てられ、遵守が義務づけられることは、欧州外交では日常的な現実となっている。EU域内の政治的決定が結果的に、非EU地域の政治的決定に影響を与えること、つまりEUの基盤的価値の世界的浸透（EU規範の浸潤）という現実については、これを総合的に分析する研究が必要である。

　第五に、京都議定書の下で創設された、共同実施、クリーン開発メカニズム、国際排出量取引の、三つの柔軟性メカニズム（もしくは京都メカニズム）のうち、その後になって、設定時における想定からいちばん変質した用いられ方をしているのは、国際排出量取引である。現在、世界で最大の排出権取引市場は、EUの排出権取引（以後、EU-ETSとする。ETSはEmission Trading Systemの略）の市場であるが、京都議定書の交渉過程でEUは、排出量取引に対しては徹底的に懐疑的であった。EU-ETSについては後述する（第4章）。

　ある政治的な目的を達成するのに、一般に、目標と手段はトレード・オフの関係にある。例えば、CO_2削減目標を厳しく設定するのであれば、それを達成するための手法は自由な選択にゆだねるべきである。逆に、削減目標を一つの指針とみなすなら、それを達成するための政策手法を政治的に規定することが、現実的な道である。手段としては、後者が採られることが多い。ところがEUは、温暖化交渉では一貫して、CO_2削減の数値目標を設けるのと同時に、政府による規制（EUの用語ではpolicies and measures）を採用すべき、と主張してきた。EUは、アメリカが90年代初めから国内で採用している、SOx（硫黄酸化物）の排出削減を目的とした排出権取引について、その政策的効

果を疑問視していた。だが、アメリカ流の自由主義的な政治哲学に立つと、政府による規制は非効率で行政コストがかかる割に実効性が薄く、市場の機能にゆだねる方が、社会的資源はより効率的に配分されることになる。つまり、排出権取引については、環境政策の手法をめぐっての、イデオロギー論争の様相を呈していた。だがEUは、アメリカが京都議定書から離脱することを恐れて、最終的には、未知の制度である国際排出量取引を、「国内措置に対して補足的なもの」という制限をつけることで、議定書に織り込むことを容認した。

　第六に、もともとアメリカは、温暖化条約の起草段階から、当時のブッシュ（父親）政権（共和党：1989年～92年）は、これを宣言的条約以上の規制を盛り込むことには反対で、京都議定書のような数値規制は、できれば回避したい立場であった。しかし、92年秋の大統領選では民主党のB.クリントンが選挙戦中盤から副大統領候補にアル・ゴアを指名し、地球環境問題への対応をその看板政策にして勝利をおさめた。ベルリン・マンデートの交渉過程でも、クリントン政権は先進国に排出上限を設けることには反対せず、交渉の力点を、削減目標達成のための政策手法をできるかぎり柔軟性のあるものにしておくことに目標を置いた。このようなアメリカの立場は京都議定書にも取り入れられた。それゆえ、クリントン政権は議定書に署名はした。しかし、2000年秋の大統領選で勝利した共和党のブッシュ（息子）大統領は、翌年1月にホワイトハウス入りすると、同年3月に早々と京都議定書からの離脱を表明した。この時点では、世界最大のCO_2排出国であったアメリカが離脱したことは、温暖化交渉の空気を否応なく変質させてしまった。ブッシュ新政権は、アメリカが京都議定書から離脱する理由として、アメリカ経済への悪影響という共和党らしい理由を掲げたが、その本当の理由は、連邦議会上院において京都議定書が批准される見込みがなかったからである。

COP3の準備会合で、各国代表の間で白熱した議論が続いていたクリントン政権時代の97年6月21日、アメリカ上院（議員定数100名）に、65名の超党派からなる議員の連名で、バイルド＝ヘイゲル決議案が上程され、決議案は4日後に、95対0の全会一致で可決された。合衆国憲法第2条2項には、「大統領は上院の助言と承認を得て条約を締結する権限を有する」と規定されており、条約の批准はすべて審議案件として上院外交委員会に付されることになっている。その上院が、京都議定書交渉を先回りし警告する形で、バイルド＝ヘイゲル案を採択したのである。この決議は、次のような内容である。

　「(1) アメリカは97年12月に京都で交渉される国連気候変動枠組み条約の議定書もしくは合意書が以下である場合、署名すべきではない。(A) 付属書Ⅰ国に対する温室効果ガスを制限もしくは削減する新しい規制の規定が、同一の期間において発展途上国に対して温室効果ガスを制限もしくは削減を規定した議定書もしくは他の合意を伴わない場合、(B) それがアメリカ経済に深刻な害をもたらす場合。(2) 批准に上院の助言と承認が必要な、このような議定書もしくは合意は、その実施に必要となるすべての法律や規制についての詳細な説明、および、議定書もしくは合意の実施によって引き起こされる、詳しい資金的コストとアメリカ経済への影響に関する分析が、併せて提出されなければならない。」

　アメリカの統治構造は、合衆国憲法によって、独裁者が出てこないよう、権力分散の機能にとくに配慮された形になっている。結果的に、上院の外交委員会の場において、国が結ぶ条約や国際合意がアメリカの国益に適うものであるか、徹底的に吟味される体制になっている。本来これは、国家の存立にとって不可欠な機能である。そしてその上院が、ベルリン・マンデートというアジェンダ設定の形を問題視したのである。これは、歴史的に繰り返されてきている、大西洋をはさんだ、

「欧州 vs. アメリカ」という政治的対立の一例とみなすこともできる。

かりに、2000年秋の大統領選で、引き続き民主党のゴア候補が勝っていたとしても、バイルド＝ヘイゲル決議がある以上、そのままでは批准手続き入ることはできず、アメリカは対外的には、上院決議を理由に京都議定書からは距離を置き、塩漬けにした可能性が高い。しばしば、京都議定書の枠組みにアメリカを戻らせるよう働きかけるべきだ、という意見を述べる人がいる。だがアメリカを京都議定書に戻すには、行政府の長である大統領を説得するのに加え、上院が批准を可決する条件（定員100名で、出席議員の2/3以上の賛成が必要）を満たす67名の議員に対して、この決議に従った資料を用意し、個別に説得して意見を変えさせる必要がある。実際にはこれは不可能である。現在、温暖化交渉は、長期協力行動・暫定作業部会（AWG－LCA）と京都議定書・暫定作業部会（AWG－KP）の二つが別々の会議の場をもち、平行して交渉が行われてきているが、当然、アメリカは前者にしか出席しない。

日本と京都議定書

最後に、日本が京都議定書に対してとった対応を見ておこう。環境政策のドイツ人研究者、S.オベルヒューアーとH.E.オットが著した『京都議定書　21世紀のための国際気候政策 *The Kyoto Protocol; International Climate Policy for the 21th Century*』（Springer, 1999）という研究書がある。この本は、京都議定書の成立過程について、課題ごとに条文表現がどう固められていったかを詳しく分析したものである。この本のなかで日本は、COP3の議長国として、京都議定書がつつがなく妥結されることだけに神経をすり減らす、奇妙な先進国として登場する。以下が日本に対する評価である。

「97 年 11 月、各国代表団が京都に集まったとき、すべての主要国はその手中に賭けのカードをしっかり握っていた。むろん誰にも確かなことはわからなかったが、世界中が京都での合意に強い期待をもっていることだけは全員が確信していた。とりわけ日本は、京都会議がうまくいくことに異様に気をつかっていた。……COP2（96 年 7 月：ジュネーブ）で、COP3 を日本が招聘するという決議案が採択されると、日本がこの会議の成功のために、調整と統括で、強いリーダーシップと意志を発揮すると期待されたため、一連の希望が生まれた。しかし結局それは、京都においてではなかった。COP3 に数カ月先行して日本が特別会合を開いたことが、京都プロセスの中での日本の主要な寄与となった。日本外交のスタイルは、強いリーダーシップを発揮するより、利害対立に関して注意深いバランスを払うところにある。これは、京都会議の助走としては重要であったが、ベルリンの COP1 でドイツのメルケル環境相（当時）がみせたような力強いシャトル外交を、日本が行ってみせることにはならなかった。……京都会議そのものにおいても、日本の役割は限られたものであった。議論は、COP3 会長（President）である日本の大木環境大臣よりは、エストラーダ議長（Chairman：温暖化条約事務局長）が事実上、取り仕切った。97 年 6 月の国連特別総会の後になると（特別総会の後、橋本首相がサウジアラビアと手を結んだことが報道され、日本は批判された）、日本政府はアメリカと EU との中間の位置を探るよう試み、突出した立場を取らないよう決めたように見える。京都会議における日本の主たる貢献は、高度な技術と快適な装置が備えられた京都の会議場を提供して、会議の進行を促した点にある。」（同書 77 〜 79 頁）

いま振り返ると、日本はあまりに素朴に、EU が敷いたベルリン・

マンデートという理想主義のレール上を忠実に走り、ともかく京都議定書を妥結させることが至上の使命だと考えていたことが明確になる。日本は、COP3主催国としての体面を異常なほど重んじ、日本の古都の名を冠する国際合意を成立させることを、破格の名誉と考え、この点にエネルギーをふり向けすぎた。その結果、京都議定書の仕上がりは、外交の本旨である日本の国益確保という面で重大な欠陥をかかえていたのに、それをただすだけの力をもたなかった。本末転倒とはこのことである。

　普通の国であれば、ベルリンのようなアウェイの交渉で、政府代表が不利な国際合意を受け容れてきたとしても、代表団の帰国後、議会での批准審議で問題点があぶり出されるはずである。実際、アメリカの上院外交委員会は、ベルリン・マンデートに従って詰めの交渉に入ろうとするタイミングで、バイルド＝ヘイゲル決議を採択し、上院が国益確保の確認の場であることを再確認してみせた。合衆国憲法によって大統領に与えられている外交面の権限は、条約交渉と成立後の条約署名までである。この権限ドメインで、民主党クリントン＝ゴア政権（93年1月〜2001年1月）と共和党ブッシュ政権（01年1月〜09年1月）とが、温暖化問題でとった立場は対照的であった。クリントン政権は、地球温暖化を新しい脅威と見なす考え方に共鳴する政権であり、それを体現したのがゴア副大統領であった（ゴアは、07年秋にIPCCとともにノーベル平和賞受賞）。しかし誰が大統領であったとしても、京都議定書批准の権限は上院にあり、ここで否決されてしまえばすべては終わりである。「アメリカは京都議定書を離脱した」という表現は、この国の統治体制を考慮に入れると、やや単純すぎる表現である。

　一方で、EUは主要国の京都議定書の批准に異様に神経をとがらせた。その理由は、議定書の発効要件にあった。京都議定書は第25条

で発効条件を定めている。これによると、55以上の国が批准し、かつ付属書Ⅰ国の90年のCO_2総排出量の55％以上に当たる国が批准した90日後、に発効することになっている。EU15カ国の「EUバブル」は付属書Ⅰ国の排出総量の23.9％にしかならない。その36％を占めるアメリカが離脱してしまったことで、他の付属書Ⅰ国の批准が、がぜん重みを増すことになった。外交上の表現で言えば、日本を含む主要先進国が、京都議定書成立のための拒否権（veto）を手に入れたことになる。

　京都議定書は、日本のメディア注視のなかで成立した。交渉過程を報道するメディアの論調が、圧倒的に環境NGO寄りの価値観に立つものだったとしても、それはそれで良しとしよう。環境問題に関しては、メディアがこの方向に偏向しがちなのは、世界的な傾向であるからである。メディアなどより深刻なのは、日本の国会での批准審議が、形ばかりのものであった点である。

　日本が、地球温暖化を重要な政治的・文明論的課題とみなし、国際的なリーダーシップをとろうと考えるのは、むろん正しい。だが、温暖化対策を重視することがそのまま、最高決定機関である国会において、京都議定書批准を自動承認することとは同じではない。日本経済が中長期的に目標とすべき将来像と、京都議定書達成ための実際の負担を勘案して決断すべき、国益に関する問題である。国会審議の結果、批准が日本経済全体に著しく不利であると判断されれば、たとえ政府代表が署名し、京都の名が冠された議定書であったとしても、批准を先送りにするか、問題点が限定的であれば、解釈宣言か付帯決議をつけた、条件付き批准もありえたはずである。このような突っ込んだ国会審議があれば、日本政府としても交渉テーブルにおいて、外交カードの一つに利用することもできる。是が非でも京都議定書が発効することを望んだEUが、日本の批准審議を非常に心配したのも、まさに

この点であった

　当時、与党であった自由民主党の内部には、日本の産業界に対してあまりに不利だとする意見もあった。だが担当官僚が、批准に同意するよう説いて回り、なぜかこれで与党の態度は固まってしまった。そして実際の国会審議では、断片的なやりとりばかりで、およそ主権国家として国益を確認する場面は皆無に近かった。この光景は他の国の議論と比べで、たいへん異質である。

　京都議定書は、第Ⅰ約束期間（2008年～12年）の削減を定めており、その実施規則は、01年11月のCOP7で、「マラケシュ合意」として決定された。しかし、その一つ前のCOP6のハーグ会議が決裂してしまい、その穴埋めとして、01年7月にボンで「COP6第2部」が開催された。ここでマラケシュ合意の前提となる「ボン合意」が成立した。この中で先行して、CO_2吸収源の取り扱い原則が決まり、併せて各国が吸収源として認められる上限値が定められた。ボン合意の中の「土地利用・土地利用の変化・森林（LULUCFと略称される）」という項目にある「付表Z」がそれである。付表Zでは、ほとんどの国の上限値は現実的な100万炭素トン／年以下であるのに対して、日本は、ロシアやカナダと組んで、大幅な上限値を認めさせた。EUは、もともと吸収源を認めるのに批判的であった。実際の付表Zでは、日本：1,300万炭素トン／年、カナダ：1,200万炭素トン／年、ロシア：1,763万炭素トン／年と、3国だけが突出した数字が書き込まれている（表6）。

　国土の森林面積からすると、日本に認められたCO_2吸収量の上限値は異様に多く、これは日本の90年CO_2排出量換算で4％弱に当たる。日本政府はその後の公式には、「森林吸収分3.8％」と表現するようにしている。京都における－6％という橋本裁定の失敗を、数値の上でいくぶんかは挽回する外交的な成果であった。しかし、森林によるCO_2吸収量の実態・測定方法・森林管理のあり方などについて、その

表6 01年ボン合意付属書Z（抜粋）

	万炭素トン/年
オーストラリア	00
オーストリア	63
カナダ	1,200
フランス	88
ドイツ	124
イタリア	18
日本	1,300
オランダ	1
ニュージーランド	20
ノルウエー	40
ポーランド	82
ポルトガル	22
ロシア連邦	1,763
スウェーデン	58
スイス	50
ウクライナ	111
イギリス	37
アメリカ	＊京都議定書を脱退しているがFAOなどのデータから　2,800

　京都議定書の実施規則を決める作業の一環として、01年7月にボンでCOP6-Ⅱが開かれ、「ボン合意」が成立した。この中で、CO_2吸収源の取り扱いについての原則が決まり、あわせて、各国に認められる吸収源の上限値が定められた。ボン合意・付表Zがそのまとめである。ほとんどの国の上限値は100万炭素トン/年以下であるのに対して、日本は、ロシアやカナダと組んで、大幅な上限値を認めさせた。これの数値が、日本政府の言う「森林吸収分3.8％」とする根拠である。一方、ＥＵは、もともと吸収源を認めるのに批判的であった。

評価方法も、条約上の扱いも、未確定の部分が多い。この吸収量の上限値すべてが、条約事務局に提出する国別報告の中で、最終的に認められるのかは定かではない。その可能性は小さいだろう。

日本の国会に京都議定書が批准案件として上程されたのは、02 年 3 月 29 日であった。マラケシュ合意（01 年 11 月）によって京都議定書の実施規則（なかでも具体性がほとんどなかった国際排出権取引の細部が決定された）が決まったからであり、他の国の多くも批准手続きを開始した。その集中審議は、5 月 17 日午前の衆議院外務委員会が充てられていたのだが、この直前に突発した、瀋陽日本領事館への北朝鮮の脱北者の駆け込み事件をめぐって質問が集中するという、不幸が重なった。

京都議定書の批准については、川口順子環境大臣（当時）が「……わが国がこの議定書を締結しその早期発効に寄与することは、地球温暖化を防止するための国際的な協力を一層推進するとの見地から有意義であると認められます。よってここに、この議定書の締結について御承認を求める次第であります。何とぞ御審議の上、速やかに御承認いただきますようお願いいたします。」と、簡単な理由を述べた。

これに対して、当時、野党であった民主党 2 人と共産党 1 人の議員が主に質問している（これらの衆議院議員は現在、全員引退）。そこでの質疑は、発展途上国への支援、中小企業の温暖化対策の負担、吸収源の可能性、アメリカが京都議定書に戻る可能性などについて、繰りかえし指摘されてきた問題をなぞるような、やりとりがなされただけである。なぜか、国会審議の場であるにもかかわらず、国際交渉が理想主義にたって進められるべきだとする立場からの質疑が多いのである。例えば、松本善明議員（日本共産党）の発言がその典型例である。松本議員は、ボン合意とマラケシュ合意の直後に、欧州の地方紙の一部が、「日本は京都議定書の批准をカードに、吸収源で大幅な権限拡

大を引き出し、温暖化対策進展の足を引っぱった」と書いているのを根拠に、こんな悪評があることについてどう思うか、と政府をただした上で、こう述べている。「……私はやはり、日本が地球という環境を守ることで先頭に立っているという評価が全世界から行われるような、そういう外交が必要なのではないかと思いますが、大臣はどのようにお考えですか。」（第154回国会衆議院外務委員会第15号）。少なくとも国会における批准審議は、個人的信条を述べて、わざわざ外務大臣の見解を確かめるような場ではない。これに対する答弁で、川口大臣は、間接的表現ながら、一連の日本の要求を正当なものとし、これを自らの成果と示唆する発言をしている。

　「……私は、自分のことですので余り申し上げたくはないんですけれども（中略）、マラケシュの会合が終わった後だったと思いますが、EUの文書には、こういうことはめったにないことだそうですけれども、私個人の名前を挙げていただいて、非常に貢献が大きかったと、たしか書いていただいていると思います。」（同上）

　形ばかりの審議を経た後、京都議定書の批准は全会一致で承認され、その後、5月21日の衆議院本会議、31日の参議院本会で承認された。これをうけて小泉内閣は6月4日の閣議で批准を決定、国連事務局に批准書を寄託した。これで日本側の手続きは終了した。EUとEU加盟国もすべて、5月下旬に批准手続きを終えたが、京都議定書の－6％という数字が日本には格段に厳しいものであることを熟知しているEUにとって、日本の国会でのやりとりは、拍子抜けであったに違いない。EU内部でも「負担分配合意」の数値を確定させるまでには、数年間の交渉が必要だったのである。

　政府署名の国際合意が審議に付されたのに対して、これを国益に照らして詳細な審議の対象としない日本の国会は、国家の最高議決機関としての機能を果たしているとは言えない。だが振り返ってみると、

京都議定書の批准手続きの全過程を通じて、国益に関する議論自体が恐ろしく希薄であった。政府・国会・メディアを含め、日本全体が、京都議定書の批准を当然視しており、この問題で政治的な対立軸は存在しなかった。この光景は、国際的合意を、主権国家が外交の場で活用すべき道具立とみなすのではなく、ただこれを珍重してありがたがる価値観が、日本人の心情の奥底深く塗り込められているからだ、と考える以外にない。

ロシアの批准論争

　日本の温暖化外交の特徴、もしくはその欠陥を照らし出す目的で、アメリカ上院外交委員会と衆議院外務委員会での審議の実態を比較してみても、両者の制度があまりに違いすぎ、生産的ではない。むしろ、アメリカの離脱でがぜん京都議定書の運命を握ることになった、ロシアの批准過程を追ってみると、日本社会に塗り込められている価値観が明瞭になる。

　ロシアは、京都議定書ではCO_2削減量±0を獲得した。これは日本的感覚からすれば早々に批准してもよさそうな「勝ち組」と見える。だが02年4月11日に、ロシア政府が批准手続きに入ることを決めて以後、最終的にプーチン大統領が批准書に署名するまでに2年を要した。ロシア政府は、04年11月18日に批准書を国連事務局に提出した。その結果、京都議定書第25条によってその90日後、05年2月16日に発効した。後述するように、EU-ETSの試行期間は、すでに05年1月から始まっており、EUの立場からすれば、薄氷を踏むような京都議定書の発効であった。

　ロシアの批准が遅れた事情については、詳しい分析がある（B.Buchner & S.Dall'Olio: *Transition Studies Review*,Vol.12,pp.349-382,2005）ので、こ

れを手掛かりに振り返っておこう。ロシアの批准は、以下のような手順を経る。まず、政府が批准手続きに入ることを決定すると、経済発展・通商大臣は議定書による経済的影響に関する報告書を作成し、これを首相に提出し、首相は、政府内の会議でその内容を検討する。その後、批准法案と説明書を作成して、連邦議会下院にあたる国家会議（Duma、定数446名）に提出する。国家会議は、委員会を設置して問題点を精査した後、国家会議に諮り、公聴会を開いた後、批准法案を採択する（過半数が必要）。この後、上院にあたる連邦院（定数178名）に付託され、審議の後、採択され、最終的に大統領が批准法案に署名をして、国内手続きは完了する。

　プーチン大統領が批准手続きに入ることを決めたのは、アメリカが離脱を表明した直後であり、ロシアが想定していたホットエアーの、最大の買い手を失った、という見解が広まっていた。しかし、大統領は、国際排出量取引だけではなく、共同実施（JI）も同時に行えば、ロシアの経済的な利得は大きいと考え、EU、カナダ、日本との個別会談でも同様の考え方を示していた。政府の影響評価報告書は、ロシア経済への悪影響はほとんどない、というものであった。ロシア経済は、21世紀に入って急成長したが、それは主に石油・天然ガスの増産とその輸出増によるものであった。エネルギー政策の自由化で、さらに輸出拡大が期待されたが、一方で、EUとの貿易拡大によって、EU側から、ロシア国内のエネルギー補助金と輸出税の削減が求められるようになった。天然ガスの価格を比較すると、ロシア国内の料金と輸出額とは3倍の開きがあり、国内のエネルギー価格は外から見ると、なお格段に安かった。一方、ロシアの電力供給は63％が火力発電で、非効率な発電所が多く、このセクターだけで世界のCO_2総排出量の2％に相当し、電力部門が他先進国とのJIを受け容れれば、大量の外貨が獲得できるとする計算も出されていた。

他方で、根強い反対論があった。その代表者が、プーチン政権の経済顧問であるA.イライオノフである。高度経済成長論が持論であるイライオノフからすると、京都議定書が定めた90年比±0％の意味は、潜在的な能力をもつロシアの経済力を、悲惨な冷戦時代の状態のまま固定しようとする欧米側の陰謀であった。彼は、京都議定書を「死の議定書」、「国際的なアウシュビッツ」、「温暖化ファシズム」、「宣戦布告なき戦争」などとののしり、批准反対のキャンペーンを展開した。またロシア科学アカデミーは、「京都議定書の数値は科学的根拠のないものであり、国益に反する」という声明をまとめた。そもそも温暖化の科学的予測によれば、極寒のシベリアが耕作地に生まれ変わって、極地の地下資源の開発などが進むはずであり、温暖化は全体として、ロシアには利点の方が多い可能性があった。

　ロシアの国論二分の状態を、いちばん心配したのはEUであった。ロシアが批准する直前の、付属書Ⅰ国が批准したCO_2排出総量は44.2％で、議定書発効の要件には遠く及ばなかった。だが、ここにロシアが加われば、一気に61.6％となり、発効要件を軽々と達成できる。冷戦後のEU＝ロシア外交は、ロシアが体面を保ちながらEUの実質的な援助を引き出すことにあてられていた。そのなかで、京都議定書批准問題は、めずらしくロシアがEUに対して、高圧的な態度を取れる数少ない題材であった。04年3月にEU＝ロシア経済サミットが行われたが、この折、EUは、ロシアのWTO参加を後押しする代わりに、京都議定書批准を進めるよう働きかけた。ただしEU通商代表のP.ラミーは、公式には、これを認めていない。最終的にロシア国家会議は04年10月22日、334票 vs. 74票で、京都議定書批准を採択し、連邦院も139票 vs. 1票の圧倒的多数で、京都議定書批准を承認、11月4日にプーチン大統領が最終的に批准書に署名した。EUが胸をなで下ろしたのは言うまでもない。これで、国際排出量取引を含む京

都メカニズムすべてが、国際法の上でも根拠をもつ制度となったのである。

EUの、EUによる、EUのための京都議定書

こうして振り返ってみると、「EUによる、EUのための、EUの京都議定書 Kyoto Protocol by, for and of EU」という性格が、照らし出されてくる。だが繰り返すが、これをもって、EUが老獪な外交戦術を駆使して他の国を翻弄した、とする解釈は、国際政治のダイナミズムに対する分析努力を欠いた、まったくの誤解である。EUとは、国家主権のうちの通商に関する権限を供出してできた、特殊な国家間組織である。超国家組織でも、一般の国際組織でもない、国際政治の上では独特（sui generic）な地位のもので、ウエストファリア体制が前提とする伝統的な主権国家の概念を抜け出した、「国家間組織」である。この「EU機能の両義性」の側面は、21世紀の国際政治においてその影響の度合を増してきており、正確な分析と評価が必要である。

EUの政治的な決定過程はすべて、加盟国に対して透明性が保証されており、その結果、EU外部からも基本的に、同じ情報にアクセス可能である。この点で、EU外交にとって古典的な「策謀」の余地はきわめて小さくなった。この種の政治的な謀略は、過去の遺物としてずっと以前に「脱ぎ捨てられ」ている、と言ってよい。EU官僚や閣僚は、半世紀以上かけて組み上げられてきた独特な機関の一員として、合理的に行動しているにすぎない。

1946年のチャーチルの「鉄のカーテン演説」から数えて43年目、61年に東ドイツがベルリンの壁を構築してから28年を経た後に、突然、ベルリンの壁が崩壊した。この歴史の大転換に立ち会った欧州社会が、続いて急浮上した地球温暖化という新しい政治課題で、そのメ

イン・プレイヤーたらんと意欲したとしも当然である。欧州共通市場を実現させてきたECは、92年のマーストリヒト条約によってEU（欧州連合）へと脱皮し、欧州統合という政治プログラムを、加速させた。90年代を通してEUは、温暖化交渉においてはより多くのCO_2排出削減を提唱する全体の構図を描いて、そのイニシアチブをとると同時に、逆に、国際交渉において形成される枠組みを、EU内部の政治決定に反映させ、欧州統合を促進させる動因として利用し、新生EUの政治機能を実体化させることに活用してきた。

温暖化交渉において、EUはその当初から、90年を基準に2000年でCO_2排出量を安定化させることをその交渉ポジションとしてきた。これは交渉テーブルおいては唯一、数値目標の設定を主張する立場であった。このことは新しい国際交渉の場で、倫理的価値の設定者としての地位に立つことであった。ただし、近未来における排ガス量の抑制的な数値目標の設定という発想は、長距離越境大気汚染条約の章で述べるように、欧州の環境外交の実績からすれば、奇策でも何でもなかったのである。

EUは、正規の政治手続きに従って、独自の温暖化政策をうち立て、国際交渉にこれを持ち込んだ。そしてそれを、拘束力をもった国際合意として実現させたのが、「ベルリン・マンデート→京都議定書」という外交枠組みであった。ベルリン・マンデートの産物である京都議定書は、EUを中心とした国際情勢の分析の下で発案された構想が、ほぼその素案通りに合意文書化されたものと見なして、大きくははずれていない。「開催地持ち回り」という外交ルールに従って、合意文書の作成の地を、アジア東端の風光明媚な都市に譲ること、これによってCOP3会議代表に実績のない日本の環境大臣が座ることは、EU主導という議定書の印象を薄め、かつ、手続き上の正当性を獲得することになる、上々のシナリオであった。命名権だけを日本に譲ることで、

「京都」という名を冠することの名誉と、形式的な体面だけを日本に投げ与えて、内実はEU構想を実現するという戦略は、ほぼ完璧に成功した。その後、京都議定書の発効はアメリカの離脱を乗り越えて、EU-ETSの発足にからくも間に合い、今日に至るまで、EUとEU主要国は、京都メカニズムという新規の外交ツールをさまざまに活用し、国際政治上の便益を享受してきている。

なぜ、理想主義が現実のものとなりえたのか

だが、いくらEUの外交能力が突出しているとは言え、一方的に理想主義的な戦略を組み立て、これを押し進めようとしたところで、それだけで国際政治が動くはずがない。なぜ、京都議定書という理想主義的な国際合意が現実のものになりえたのか、その理由については視野を広げて考えておく必要がある。

その第一の、最大の理由は、陰鬱な冷戦が終わった、まさにそのことに由来する。科学技術の発展が戦争形態を根本から変えてしまったのが第一次世界大戦であり、第二次世界大戦はこれがさらに徹底された総力戦であった。ところが45年に実験に成功し、ただちに日本に向けて使用された核兵器は、国権を発動するにはあまりに過剰すぎる破壊力をもつものであった。当初は、核兵器の国際管理案(バルーク案)もあったが、まもなく米ソ間で兵器の開発競争が始まり、冷戦に突入した。その結果、国際政治空間の相互恫喝作用は歯止めなく昂進し、大量の核兵器を保有して睨み合う状態が固定されてしまった。

地球温暖化は、この核兵器の威嚇によって満たされていた相互恫喝空間に、突然「脅威の真空」が生じ、これを埋めあわせる代替物として格上げされてきた新しい脅威である。このとき、地球温暖化はまだ不定形の、将来に展開するはずの脅威であった。その新たな脅威の本

体部分を国際交渉の対象とすべき、急いで言語的な形を与えたのが国連気候変動枠組み条約である。それはほぼ必然的に、予防原則に立脚した大スケールの国際条約となった。こうして、国際政治空間の空白部分を充填することになった温暖化問題は、潜在的にはその当初から、「安全保障」との概念的な連動性の芽が埋め込まれていた。

地球温暖化は、相互恫喝空間の中に組み込まれたことで、来るべき「近未来の脅威」としての性格があらかじめ運命づけられ、それゆえに予想される深刻な被害に焦点が合わせられ、増幅される傾向が強くなった。こうして地球温暖化に関して、理想主義的なアジェンダ形成が可能になった。たとえば、冷戦終焉に一歩先んじ、89年2月にアメリカ環境保護庁（EPA）がまとめた『地球気候安定化のための政策選択』という報告書では、「温暖化によって生じる利点については、地域によるばらつきが大きいので言及しない」とし、予想される被害についてのみ抽出する立場をとっている。

地球温暖化の被害の大半は、未来に顕在化するはずのものである。そうなると人間は、被害の兆候と見えるものに敏感になり、被害の見積もりを過大にしがちになる。こうして温暖化の脅威を指摘する立場は、低炭素社会というユートピアを掲げ、冷戦時代のように眼前に展開する光景を是とするのではなく、抜本的に組みかえられるべきエネルギー多消費型文明として、今ある姿を否定的に表現することになる。ここから先は、イデオロギー性を排除することは、かなり難しくなる。冷戦時代、西側社会ではマルクス主義が眼前の資本主義を告発したように、いったん低炭素社会という「正しい」スローガンが掲げられると、自己懲罰的な眼差しとなり、エネルギー多消費型の産業をバッシングする誘惑にかられるようになる。

理想主義的な合意が成立した別の理由に、地球環境問題が外交課題に取り上げられる過程で同時に起こった、外交スタイルの革命的変化

がある。80年代末までの外交交渉といえば、各国の代表団が、外交機密という厚い壁に守られ、密室の内側で丁々発止の交渉をするイメージのものであった。ところが、92年の地球サミットを機に、地球環境問題で採用され始めた外交交渉のスタイルは、徹底した透明性の採用であった。公式会議と公式文書へのアクセスは、環境NGOに対して各国政府代表と同等の扱いとなり、決定プロセスは著しく透明化され、多くの監視の目にさらされるようになった。現時点では、すべての公式文書はインターネットによってアクセス可能である。逆に外部からの情報のインプットも容易になり、理想主義的な方向への圧力が圧倒的にかかりやすくなった。

　外交スタイルの革命的な変貌は、たとえば伝統あるWTO（世界貿易機関）の交渉におけるNGOの扱いと比較してみると、その違いは歴然とする。WTOは外交交渉の部分が多く、問題の本性ゆえに、NGOにとってはなお閉鎖的である。ただし、国際交渉のプロセスへのNGOの参加拡大は、一面で、NRDC（自然資源防衛会議：アメリカのNGO）やグリーンピースなど、少数の卓越した調査能力をもつ環境NGOが、フロン問題・海洋汚染・核軍縮などの問題で、国際交渉の場に向けて地道に圧力をかけ続けてきた成果でもある。この努力が、冷戦の崩壊という国際政治の大変動によって、花開いたことになる。

　理想主義的な京都議定書が成立した第三の理由は、すでに触れたように、EUという特殊な国家間組織が、国際政治の次元で影響を及ぼすようになったことに由来する、その「規範設定力 normative power」という機能である。21世紀の国際政治を見渡してみたとき、EUがもつこの影響力は無視できないものになり始めている。

　もともとEUは、欧州に共通市場を出現させる目的で、加盟国が通商に関わる主権の一部を供出する実験的組織として、第二次大戦後に出発したものである。だがこれを起点に、政策決定の場が、EUと加

盟国の議会という、二重構造が制度化され、EUの機能がさまざまな方向に拡大されてくると、EUが成立させる指令や、その根拠となる報告書は、各々の加盟国にとっては未整備のままにある、政策立案の基本をなす価値規範を明示する機能を果たす結果になる。こうして政策立案の「ダブルトラック化」が常態化し、EUが加盟国共通の政策を先行して提示するという国家間機能の重みを増し始めると、「価値規範の設定者とその帝国」＝EUという存在感が前面に出てくることになる。「EU的価値規範の世界的浸潤」という傾向は、後に述べるように、EUへの新規加盟国が抱く、あこがれと反発という、アンビバレントな政治感情としても現われる。

　この傾向はさらに、欧州一円から世界全体に対して、新しい政策課題だけではなく、その基盤を成す価値規範を先導する者として、意図せざる影響力を持ちはじめている。EUの共通政策は、加盟国対象という意味では地域的（regional）なものではあるが、同時にそれらは自動的に国際的（inter-national）という形容詞にあたる位置のものである。そのため、それ自体、容易に国際基準に移しかえが可能である。加盟国に向けた共通の価値規範の発掘と、そのいち早い概念化の作業は、EUの国家横断的な機能ゆえに、他世界にとっても「グローバルなもの」として転用し、準用しようという誘惑にかられる余地は、十分すぎるほどある。

　このような、超国家でもなく既存の国際組織にも該当しない、EUという国家間組織において、透明な手続きという政治要請の下で共通政策を議論するとなると、その決定内容は、個々の国にとって死活的に重要な国益さえ非公開の場での政治的合意として確約がとれるのであれば、公的な議論は、理想主義に傾きやすくなる。EUの環境政策などはその典型と言ってよい。外交は、内政の延長線上にある政治的意思の具現化であるが、EUという主権国家の中間に位置する特殊な

次元の政策決定ゆえに、理想主義が実体化する傾向は強くなる。EUの温暖化外交の決定に対しては、このような俯瞰的な視点を持っておくことが必要である。かりにこの現象を「価値規範の帝国」と呼べるとしても、EUの外部にあるものが、これにただちに被害者意識をもつ必要はないのである。

第 2 章

長距離越境大気汚染条約と科学的アセスメント

再度、力説しておくが、地球環境問題の特徴の一つは、自然科学研究と外交交渉のプロセスが融合してしまった点にある。国際的大義を掲げながら同時に国益を争う、ダブルトークが常態である外交と、自然の真理を追及する科学という、まったく次元のことなる人間活動が出会い、機能するというのであるから、相互に影響を及ぼしあうことは避けられない。外交の側からすると、交渉の土台となるデータの収集・編纂・評価という、いわば舞台背景と大道具のほとんどを、自然科学の側が用意することになる。逆に、科学の側からすると、研究成果が外交交渉の基盤を形成するという重要任務を担う一方で、研究成果が、外交的有用性という観点から評価され、取捨選択されるという、これまでにない扱いを受けることになる。

　だがそもそも、環境政策の策定と、そのための判断根拠を提供する環境科学との関係は、統治権力の下にある、国内における環境政策の立案の場合ですら、容易には答えが出せない場合が少なくない。ましてや、外交交渉の基本となる情報を、科学の側が一方的に提供するとなると、科学と外交の関係は非常に複雑になり、時には不安定なものにすらなることは不可避となる。こんな新しい形の問題を考えるためには、まずは典型的なケースについて詳しく分析し、それを参照軸にして、他の地球環境問題における科学と政治の関係を考えることが生産的である。そういう目で歴史を見渡してみると、格好の例が存在する。1970年代以来、欧州で展開されてきている長距越境大気汚染条約（Convention on Long-range Transboundary Air Pollution：LRTAP条約と略称する）の実績である。

　しかもLRTAP条約の機構と、これとは独立した位置にあるEUの環境政策とは、互いに融合と分離を重ねながら、EU域内の環境政策と環境外交の政策を形作ってきた。そして当然、この延長線上にEUの温暖化外交もある。本章では、LRTAP条約機構の形成と、それが

拡大・深化してきた過程を振り返り、これが EU の温暖化外交にとってまたとない先行体験となり、実際に、温暖化外交の場で効果的に活用されてきている点を見ておこうと思う。

長距離越境大気汚染条約の成立と冷戦

　79 年 11 月 13 日、国連欧州経済委員会（UN-ECE、ジュネーブ）に属する 34 カ国と EC、およびカナダ、アメリカの政府代表は、濃密な交渉の末に合意に至った、LRTAP 条約に署名した。これにあわせて、ソ連のイニシアチブで進められてきた「低・無公害技術と廃棄物再利用・リサイクルに関する宣言」を議題に、外相会合も開かれた。LRTAP 条約は、欧州における初めての環境条約であると同時に、冷戦時代には「ベルリンの壁」をまたいだ欧州全域が加わる数少ない国際合意であった。この時期、米ソ関係は一段と険悪になっており、その中でこの政治的合意は、東西が意思疎通をする数少ないテーブルとして異彩を放っていた。

　70 年代まで、公害問題と呼ばれた環境問題は、外交の次元では「内政の失敗」と見なされ、国益や体面を重んじる外交の場からは排除される課題であった。第二次世界大戦後の復興期を抜けると、先進国は、新たに発見された中東の安くて大量の原油にも支えられ、高度成長に突入した。石油化学コンビナートや大型の火力発電所がつぎつぎ建設された。中東原油は硫黄分が多いのだが、有害排気ガスは遠くに飛ばし希釈してしまえばよいと考えられ、高煙突政策（high chimney policy）が採用された。だが即座に、スカンジナビア半島の自然が悪化した。アルカリ土壌で、北極圏に近い脆弱な北欧の自然は、欧州大陸から飛来する大気汚染物質によって湖や川が酸性化し、淡水魚がいなくなってしまった。

公害は全先進国において深刻となり、60年代末に主要国は、環境庁や環境保護庁という特別の行政庁を設置する事態となった。公害問題は、国連でも取り上げるところとなり、特定課題では初めての特別総会である、国連人間環境会議の72年開催が決まった。スウェーデン政府は、これを首都ストックホルムに招致し、この国連特別総会の場において、欧州大陸本体から飛来する越境大気汚染問題が議論され、国際的に認知されることをねらった。「国境を越える大気汚染――硫黄酸化物の場合」という、スウェーデンの独自報告も用意した。だが主要国政府はこの特別総会を完全に無視し、閣僚が参加したのはノルウェーのブルントラント環境保護大臣、一人であった。

　加えてソ連側の公式見解は、「公害は真本主義の悪であり共産主義社会には存在しない」というものであり、環境問題は西側を攻めたてるカードになり始めていた。しかもこの時、スウェーデン政府は、東ドイツ代表にビザをなかなか発給しなかったため、これを理由に東側諸国は、いっせいに特別総会をボイコットした。だが、ストックホルム会議がきっかけとなって、OECD（経済開発協力機構：実質的に西側の先進国クラブ）内部では、ノルウェーのイニシアチブで越境大気汚染の研究会が開かれるようになった。

　70年代に入るとデタント（東西融和）が進行し、NATO諸国とワルシャワ条約諸国が同じテーブルにつく全欧安保協力会議（CSCE）が実現した。CSCEは、75年にヘルシンキ最終合意書を採択した。これによって東西両陣営は、安全保障問題以外に、経済協力、人権問題、環境問題について話し合うことが決まった。しかし人権問題を追求されることを嫌ったソ連側は、環境問題をとりあげ、北欧諸国と似た立場をとることになった。

　ただし70年代後半になると、米ソ間は悪化する一方であった。79年12月24日、突然、ソ連軍がアフガニスタンに侵攻した。これに対

してカーター大統領は、ソ連への穀物輸出禁止、SALT Ⅱ（第二次戦略核兵器削減交渉）合意の批准審議の取り下げ、80年モスクワ・オリンピックのボイコットを矢継ぎ早に決めた。加えてソ連は、76年以来、西側への通告なしに、移動式の中距離弾道ミサイルSS20の配備を始めていた。アメリカは、これに対抗してパーシングⅡ・ミサイルの欧州への配備と、巡航ミサイルの実戦配備を決めた。83年11月、西ドイツ議会がミサイル配備を可決すると、ジュネーブでSALT Ⅱの窓口にあたっていたソ連代表は、席を蹴ってモスクワへ帰ってしまった。このとき欧州で大規模な反核運動が起こっていた。東西関係は危機的状態に入っていたが、そんな中でLRTAP条約のテーブルは、東西が話し合いをもつ例外的な場となっていた。

　ところで73年秋、第四次中東戦争が勃発した。このとき、アラブ産油国は石油戦略を採用する態度を示した。その結果、石油価格は数週間で一挙に4倍に跳ね上がった。第一次オイルショックである。先進国にとってそれは青天の霹靂であった。これによって、第二次大戦後初めて、世界同時不況にみまわれた。世界の経営者は当然、投資を手控えた。このとき、日本だけは、まったく別の判断を下した。中東の安い原油で戦後復興と高度成長が可能になったのに、その前提が崩れた一大「国難」である、と受けとった。そして産業界はなけなしの資本を、省エネルギーと公害防止の技術開発に注ぎ、実用化のめどがたつや否やただちに投資し始めた。たとえば、工場や火力発電所の排煙からSOxを分離する排煙脱硫技術の基本特許はドイツがもっていた。ところが日本は、アイデア段階にあったこの技術を力ずくで実用化させ、つぎつぎ設置し始めた。火山国の日本は、江戸時代以来、硫黄は重要な輸出産品であったが、70年代末に排煙脱硫からの回収硫黄で実需がまかなえるようになり、伝統ある硫黄鉱山がつぎつぎ閉山に追い込まれた。79年の第二次オイルショックを経ると、日本国内

の空気や河川はめだって良くなった。都心での喘息患者は急減し、静岡県の田子の浦を埋めていた製紙工場からのヘドロは、きれいに消えてなくなった。それだけではない。省エネルギー投資が進んで日本の主要工業部門の生産効率は格段にあがって、比較優位を獲得することになり、世界の工場へと変身した。外貨準備高は急増し、85年に至ると「プラザ合意」で円の大幅切り上げを余儀なくされた（図4：口絵参照）。

　一方、欧州では80年代初頭に環境悪化は頂点に達した。西ドイツでは80年に、環境保護だけを政治目標にかかげる異色の政党、「緑の党」が出現した。西ドイツの週刊誌『シュピーゲル』81年11月16日号は特集を組み、排気ガスによる環境の酸性化は、辺境のスカンジナビア半島の問題などではなく、ドイツが誇る「黒い森」が実際に枯れ出している危機であると警鐘をならした。これはドイツ国民に強い衝撃を与えた。80年代初頭の西ドイツ政府にとって、米ソ関係がキューバ危機以来最悪と言われるなか、環境保護運動と反核運動が結びつき、反体制的な勢力が勢いづくのは最悪のシナリオであった。西ドイツ政府は82年を境に、「酸性雨対策は費用がかかりすぎて反産業的」というそれまでの立場を改め、SOxの排出規制へと政策転換を行った。その根拠の一つに、日本が実用化を実現させた排煙脱硫技術を逆輸入することで、大気規制政策は実施可能とする判断があった。NOxについても、日本の自動車メーカーが開発した触媒を導入することで、削減は可能だと考えた（*Clearing the Air:25 years of the Convention on Long-range Transboundary Air Pollution*,UN,2004,p.16）。

　82年6月、ストックホルムで国連人間環境会議10周年を機に、酸性雨問題で国際会議が開かれ、この場でゲンシャー外相は、ドイツの森の酸性雨被害を力説し、大気汚染物質の削減へ政策転換することを明言してスウェーデン政府を勇気づけた。LRTAP条約は83年3月

に発効した。その第1回締約国会議の場で、西ドイツはスウェーデンなどとともに、80年を基準に今後10年でSOx排出を30％削減することを提案した。これには、イギリスやアメリカは、科学的根拠が不十分であること、80年という基準年が恣意的であること、を理由に反対した。しかし西ドイツ政府は、LRTAP条約の機構とECの環境政策を介して、欧州全域でのSOx規制の強化を働きかけるようになり、間もなくオランダとデンマークもドイツ支持に回わった。こうして、83年12月にEC委員会は、大型燃焼装置（LCP）指令案をまとめて提案するまでになった。環境政策の強化は「ドイツ化」と呼ばれ、ドイツは環境的価値を優先する「環境先進国」という評価を獲得する一方、巨額の投資負担を理由に一元的規制に反対するイギリスとの間で、激しい綱引きが始まった。この過程で、最良利用可能技術（BAT: best available technology）という概念が定着し、以後ECの環境政策の技術志向（technology-oriented）の中心概念へと発展していくのだが、当初この表現には、日本などで開発された省エネ・公害対策技術も対等に視野に入れる、という政治的意図が込められたものであった。

　84年3月、カナダのオタワに、酸性雨対策に積極的な西側10カ国の外相が集まり、独自にSOx輩出30％削減を決めた。その直後の4月、西ドイツは、ミサイル配備問題で険悪となった東西間を融和することを目的に、ミュンヘンにLRTAP条約の加盟国を招き、森と湖を酸性化から守る特別会合を開いた。そして、その場で東側も「30％クラブ」に入るよう勧めた。こうして85年に、ヘルシンキ議定書の署名にこぎつけ、加盟国は93年までに80年基準でSOx排出量を一律30％削減することが決まった。イギリスとアメリカはこれに署名しなかった。しかし、ヘルシンキ議定書は、科学情報の共有のみを想定していたLRTAP条約に、新たな政治的可能性を吹き込むことになった。ただし30％一律SOx排出削減は政治的に決定された数字であり、コン

ピュータ・モデルによる科学的なシミュレーションは活用されなかった（表7）。

ここで重要なのは、冷戦時代における環境外交の位置である。酸性雨外交を時間にそって追ってみると、国連人間環境会議→OECD内部での研究開始→LRTAP条約の成立→ヘルシンキ議定書、というサクセス・ストーリーを描くことが可能である。しかし、これらの成果を生じさせたおおもとをたどっていくと、CSCEやミサイル危機にたどりつく。つまり冷戦時代の環境外交は、東西対決の迂回路として、政治的な緩衝材の役割を担わされてきたのである。東西融和が進めばその成果としてLRTAP条約が結ばれ、逆にミサイル危機で東西の緊張が高まると、その緩和策として、ヘルシンキ議定書が成立した。

ヘルシンキ議定書をモデルとして、冷戦終焉直前までに、NOx議定書(88年署名：94年までにNOx排出を87年レベルに抑えることを決定)、揮発性有機物議定書（91年署名：揮発性有機物の排出を84〜90年のいずれかを基準に99年までに30%削減することを決定）が成立した。冷戦後は、これら一律に削減数字が決定された議定書は、第一世代のものとされ、特別に開発されたコンピュータ・モデル（RAINS：後述）にデータをインプットして、各国の最適の削減プログラムを計算し、締約国会議がそれを承認するという光景が出現する。科学と外交との、完璧に近い融合である。こうした新時代の環境外交を代表する仕組みが、94年に署名されたオスロ議定書（第二硫黄議定書）と、99年に署名されたヨーテボリ議定書（複合効果・複合汚染物質議定書）である。

EMEPの機能

環境問題が現実の外交課題となるには、実に多くの関門がある。そしてかりに、正規の外交課題としてとりあげられたとしても、国益の

表7 酸性雨外交と国際政治

●1972	国連人間環境会議(ストックホルム) OECD内での酸性雨の研究開始	1960年代初めより高煙突政策 共産圏諸国は参加せず
●1975		全欧安保協力会議最終合意書 　第一バスケット　安全保障 　第二バスケット　人種 　第三バスケット　経済協力・環境
●1977	EMEP研究開始	
●1979	LRTAP条約署名	
●1981		シュピーゲル紙が「森の死」を特集
●1983	LRTAP条約発効	パーシングミサイル配備問題
●1984	EMEP議定書(発効88年)	
●1985	第一SO_x議定書(発効87年)	
●1988	NO_x議定書(発効91年)	
●1991	VOC議定書(発効97年)	
		ソ連崩壊
●1992	国連環境開発会議(リオデジャネイロ)	
●1994	第二SO_x議定書(発効98年)	
●1999	複数汚染物質議定書(発効05年)	

　自然科学と外交が融合した代表的な例が、欧州で育まれてきた長距離越境大気汚染（LRTAP）条約の歴史である。ただし、東西冷戦という国際政治の本流の動向をおさえておかないと、その実像は把握できない。環境外交だけの流れを見ると、OECD内での越境大気汚染研究が先駆となって、79年に条約ができ、その枠組みの下で85年にSO_x30％一律削減議定書ができ、その後、順調に拡大してきた、とするサクセス・ストーリーを描くことは可能である。だが、条約の成立は75年のヘルシンキ合意の政治的産物であり、85年のSO_x議定書は、83年のパーシングミサイル配備問題で米ソ関係が極度に緊張した事態を和らげるための緩和政策であった。つまり、冷戦時代には、東西関係が緩むとそれを象徴するものとして環境条約ができ、東西関係が緊張しすぎるとその緩和策として議定書が提案された。つまり冷戦時代の環境外交には、東西の軍事対決の副産物という性格が色濃く反映していた。ところが冷戦が終わると、それまでに構築されてきていた環境外交の科学的インフラががぜん機能しはじめ、他に例を見ないほど徹底した科学と外交の融合が実現するのである。

せめぎあいを抑えこみ、安定し、かつ実施可能な排出削減プログラムを交渉テールで合意できるかは、いつに、信頼に足る科学データが継続的に供給されうるか、にかかっている。LRTAP条約の場合はとくに、大気汚染物質の発生・長距離移動・沈降について、データが信頼される形で収集され、外交テーブルに供給される必要がある。環境外交に関るこの種の研究プログラムは、「公的な科学的アセスメント official scientific assessment」と呼ばれる一群の科学的活動を指している。「公的な」という表現には、正規の公的資金によって行われる、という意味が込められている。ウィーン条約＝モントリオール議定書における「オゾン層問題調整委員会 Coordinating Committee for the Ozone Layer：CCOL」、地球温暖化問題におけるIPCCが、公的な科学的アセスメント組織の具体例である（表1を参照）。LRTAP条約の場合、条約成立に先行して、EMEP（長距離移動大気汚染物質モニタリング・欧州共同プログラム Cooperative Programme for Monitoring and Evaluation of the Long-range Transmission of Air Pollution in Europe）とよばれる、科学的アセスメントのための、特別のプログラムが整備されてきている。

　EMEPの起原は、ノルウェーが酸性雨問題で関係国の専門家を集め、情報交換の会合を開いたことにあり、その後、国際次元での研究の調整機能が組織化されたものを出発点にしている。EMEPの組織は、化学物質部門と気象部門があり、化学物質についてはノルウェー大気研究所に置かれている。気象部門は東本部（MSC-W）と西本部（MSC-E）に分かれ、東はモスクワの応用地球物理研究所が、西はノルウェー気象研究所が、その調整センターになっている。2010年現在は、これ以外に、排出インベントリー作業部会、測定法／モデル作業部会、統合アセスメントモデル作業部会の、三作業部会が存在する。LRTAP条約機構は、機能重視で専従スタッフは最小限に抑えられて

おり、EMEPも、実績のある研究機関が、モニタリングやデータ収集を分担している。

またEMEPは、欧州全域をカバーする大気汚染物質の移動に関するコンピュータ・モデルを開発し、分析してきた。シミュレーション・モデルの開発は、80年代初頭からイギリスやスウェーデンなどでも行われ始めたが、EMEPは、国際応用システム研究所（International Institute of Applied Systems Analysis：IIASA）が83年に開発を開始したRAINSを採用した。この段階ではまだ、コンピュータ・モデルは科学的信頼性の面で問題があったが、RAINSが採用されたのは主に二つの理由があった。第一は、科学者にまかせおくとモデルはどんどん複雑になってしまうのだが、RAINSは、外交的・政策論的な道具としての使い易さを重視し、モデルを単純なものに維持するという方針をもっていた。もう一つは、そもそもIIASAという研究所自体が、冷戦時代に、東西をまたいだ国際的研究を行う機関として中立国オーストリアに置かれたものという、政治的な中立性からであった。実際、IIASAの研究プロジェクトであるため、最初から東欧の研究者もこれに参加していた。60年代末に、ジョンソン米大統領とコスイギン・ソ連書記長の間での合意で設立が決まり、72年に正式発足したIIASAとしても、東西をまたいだLRTAP条約機構における科学的アセスメント作業で、中心的役割を果たすことは、その存在意義を飛躍的に高めると考えたのである。

初期のシミュレーション結果からすでに、汚染物質の排出と被害の関係は明瞭であったが、冷戦が終わるまでは、RAINSモデルが各国の削減幅の算定に利用されることはなかった。国家の責任＝被害関係を計算ではじき出すことになるアセスメント用モデルは、科学的な正確さだけでは採用される理由にならなかった。全参加国から政治的な信頼を獲得する必要があるものだったからである。RAINSの開発チー

ムは、83年のその時点で、すでに次のようなガイドラインを策定していた（石井敦：複数汚染物質議定書——外交科学による交渉の理性化、2001、三菱化学生命科学研究所、p.52）。①モデルは研究者・関係国の政策担当者・潜在的な利用者が共同で開発する。②モデルはモジュール単位で構築する。③モデルは単純にし、データ収集などすべては主モデルを念頭におく。④入力データには単純な選択肢を与えて、応答関係を明確にし、出力は図示する。⑤モデルは本質的にダイナミックなものとする。⑥モデルには、政策目的や交渉の工程に適った時間的・空間的次元をもたせる。

　これらRAINSモデルの開発や検証に関する研究成果の多くは、学術論文のかたちで、査読つき専門誌に発表されてきている。その意味では、科学的な客観性や透明性は確保されていると言ってよいのだが、これに重ねて、観測データは当事国の政府が承認したものを用い、また限界負荷量（後述）地図の作成は、当事国の専門家に担当させた。こうして使用するコンピュータ・モデルを含め、EMEPのプログラム全体を通して、特定の国の国益バイアスが手続き上も概念上も一切混入していないことを保証する同時に、使用する科学データの出自に関しては当事国の主権と責任を重んじ、外交的な道具として機能するよう、細かい配慮を重ねてきた。これら文字化されない「欧州内政治」の体験とその蓄積こそ、冷戦下において実質的な環境外交をめざしてきた努力の賜物である。冷戦後、RAINSモデルは、科学と外交が高度に組み合わさった第二世代議定書——オスロ議定書とヨーテボリ議定書——において、加盟国の目標設定で中心的な役割を果たすことになる。石井敦によると、この特殊な「政治＝科学複合体 politics-science complex」は、90年代初めに、その概容は出来上がっていたとされる。

　ちなみに、04年のEMEP本体の予算は214万ドルであった。

オスロ議定書と臨界負荷量

　冷戦が終わり、最終的に 91 年 12 月にソ連が解体すると、欧州の政治地図は一気に書き換えられた。そのことは、東西ドイツの「再統一」のような地図の上の書き換えだけにとどまらなかった。LRTAP 条約に焦点を絞ると、それまでベルリンの壁をまたいで大気汚染データを共有し、汚染物質排出の削減幅を政治的に一律に決めてきたこの条約機構は、その非効率性が指摘され、科学データに完全に立脚した、合理的な削減幅の算定へと、基本スタンスを切り替えられた。それは伝統的な外交常識からすると大きな課題をかかえる方針転換であった。しかしそれを強く促したのが、長年にわたって構築されてきた EMEP という科学的インフラストラクチャーの存在であった。LRTAP 条約機構は早々に、SOx30％一律削減を定めたヘルシンキ議定書の改定作業に着手した。

　こうして 94 年 6 月に、画期的なオスロ議定書が成立した。ここで正式採用されたのが、86 年以来議論されてきた「臨界負荷量 critical load」という考え方である。臨界負荷量とは、「それぞれの単位地域の生態系の中でいちばん脆弱な部分が致命的な影響を受けない限度内の汚染物質の降下量」を意味する。オスロ議定書は、欧州全域を経度 1 度×緯度 0.5 度のマス目に区切り、マス目ごとに限界負荷量を書き込んだ限界負荷量地図を作成し、これを付属書 I とし正式の外交文書として採用した（図5）。

　議定書は、冒頭に近い第 2 条「基本的義務」で、こう定めている。①議定書締約国は、過大な費用をかけることなく付属書 I 以下に SOx の降下量を抑えること。②その第一段階として、締約国は付属書 II（後述）で規定された期間にそって排出量を削減し、それを維持すること。

図 5　SOxの臨界負荷量地図（オスロ議定書付属書 I）

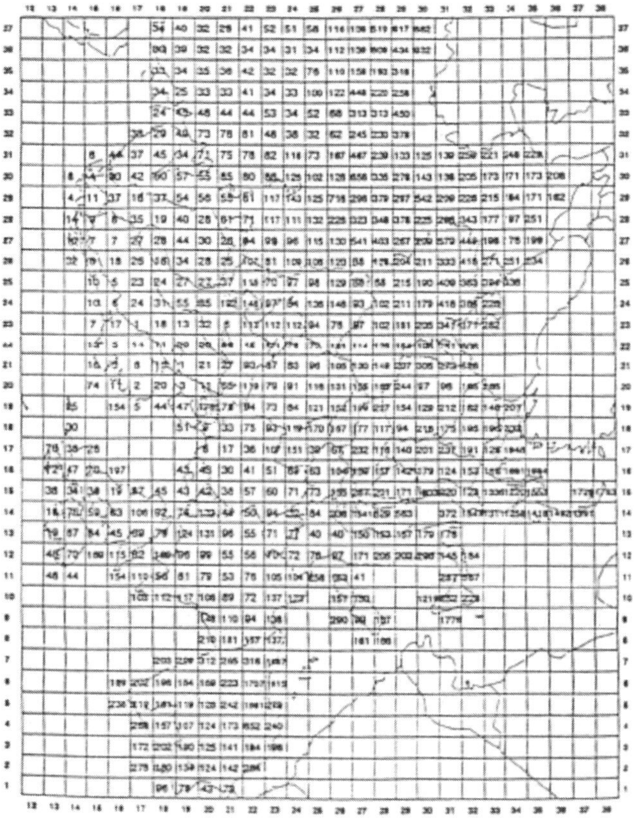

　臨界負荷量とは、それ以上の（この場合は SOx）汚染物質が降下すると、その地域の生態系が致命的なダメージを受ける限界量。この付属書 I は、欧州全域をメッシュに区切り、その地域の臨界負荷量を確定している。工業地帯の数値は高いが、脆弱な自然であるスカンジナビア半島などは極めて小さな数値となっている。付属書 I 以下に欧州全域の SOx 降下量をただちに抑えることが理想だが、不可能であるため、暫定的に 2010 年までに臨界負荷量の 60％を削減する目標負荷量を設定し、これを付属書 II とした。このような生態学的被害に関するアセスメント図を、外交文書として採用することは異例である。このことは、LRTAP 条約の加盟国すべてが、これを行うだけの科学的研究能力をもち、加えて、そのような削減策が必要だとする価値観を共有していることを意味している。つまり基本的に環境外交は、先進国間において成立する傾向のものであることを示唆している。

表8 オスロ議定書付属書Ⅱ（抜粋）

	SOx排出量 (キロ・トン/年)		SOx排出量シーリング (キロ・トン/年)			SOx排出量削減比率 (1980年基準、%)		
	1980	1990	2000	2005	2010	2000	2005	2010
オーストリア	397	90	78			80		
ベルギー	828	443	248	232	215	70	72	74
ブルガリア	2,050	2,020	1,374	1,230	1,127	33	40	45
チェコ	2,257	1,876	1,128	902	632	50	60	72
デンマーク	451	180	90			80		
フランス	3,348	1,203	868	707	737	74	77	78
ドイツ	7,494	5,803	1,300	990		83	87	
ギリシャ	400	510	595	580	570	0	3	4
ハンガリー	1,632	1,010	898	816	653	45	50	60
イタリア	3,800		1,330	1,042		62	73	
オランダ	466	207	106			77		
ノルウェー	142	54	34			76		
ポーランド	4,100	3,210	2,583	2,173	1,397	37	47	66
ポルトガル	266	284	304	294		0	3	
ロシア連邦	7,161	4,460	4,440	4,297	4,297	38	40	40
スペイン	3,319	2,316	2,143			36		
スウェーデン	507	130	100			80		
スイス	126	62	60			52		
ウクライナ	3,850		2,310			40		
イギリス	4,896	3,780	2,449	1,470	980	50	70	80
EU	25,513		9,598			62		

　オスロ議定書は、最終的に欧州全域でSOx由来の酸性化被害をゼロとするのを宣言してはいるが、ただちにこれを実現するのは、不可能である。そこで、限界負荷量の60％削減を2010年までに実現するという暫定目標が採用され、2000年、2005年、2010年における、国別の排出量を定めたのが付属書Ⅱである。付属書Ⅱの各国の排出割当を計算するために、RAINSモデルの活用が徹底され、加えて、こうしてコンピュータが最適解としてはじき出した、中期的な削減値（1990年を基準にした2000年以降5年ごとのSOx排出量の割当）について、大半の加盟国が異議をさしはさむことなく、これに同意した。ここには、環境外交にとって革命的な意味が含まれている。その一つは、外交と科学との融合が完全に近い形で実現したことである。加えて、各国代表が自らの国益確保をかけて繰り広げる、伝統的な外交交渉の光景は消え去ってしまい、各国代表は、コンピュータがはじき出した割当数値を了としたのである。ここにおいて、外交交渉を合理的なコンピュータ計算に委ねてしまう「交渉の理性化」が実現されている。オスロ議定書の付属書Ⅱの作成に際しては、観測データに加え、各国で国内実施が決まっている排ガス規制政策や、各国政府が想定する成長率までがRAINSモデルに入力され、全体のコストが最小となる解をコンピュータがはじき出し、この数値を排出枠として正規の外交合意として承認したのである。究極の、「外交の合理化」と言ってもよい。それでは外交官は不要になったのかと言うと、実はそうではない。EMEPという科学プログラムが、全方位から見て、政治的中立性と透明性とが担保されるような条件を整えるという、より高度な国際共同管理者の役回りを、外交団は担うことになった。

前段の①は、オスロ議定書が、欧州全域で SOx 由来の酸性化被害をゼロとすることを目標するという宣言である。しかしこれは、ただちに達成するのは困難であるため、限界負荷量の 60％削減を 2010 年までに実現する（これは目標負荷量 target load と呼ばれる）という暫定目標を採用し、そこに至るまでの 2000 年、2005 年、2010 年の国別の排出量を定めて、付属書 II とした（表 8）。

　この各国の排出割当の計算には、RAINS モデルが全面的に活用され、しかも、こうしてコンピュータが最適解としてはじき出した、向こう 16 年にわたる削減値（1990 年を基準にした 2000 年以降 5 年ごとの SOx 排出量の割当）に関して、ほとんどの加盟国が異議をさしはさむことなく、この数値に同意したのである。ここには、外交にとって、革命的な側面が含まれている。その一つは、本書が繰りかえし指摘してきた、外交と科学との融合が、完全に近い形で実現したことである。この事態は、「外交の科学化 scientification of diplomacy」と呼ばれる。これに加えて、各国代表が国益確保のために繰り広げる典型的な外交交渉の光景は消え去り、各国代表は、コンピュータがはじき出した割当数値を、了としたのである。ここでは、外交交渉を合理的なコンピュータ計算に委ねてしまう「交渉の理性化 rationalization of negotiation」までが実現されてしまっている。オスロ議定書の場合、観測データだけではなく、各国で実施が決まっている排ガス規制政策や、想定されている成長率までが RAINS モデルに入力され、全体のコストが最小となる最適解としてコンピュータがはじき出した数値を、将来の排出枠として正規の外交合意としたのである。外交の、究極の合理化と言ってもよい。もはや外交官の働き場所は不要になってしまったかのようにすら見えるのだが、実態はその逆である。これら EMEP という外交＝科学複合体が、全方位からの信頼が得られるよう、政治的な中立性と透明性が保証される条件を整えるという、より

高度な「国際共同管理者的」な役回りを担うことになったのである。

ヨーテボリ議定書と温暖化対策との連続性

　SOx 議定書の全面更新に続いて、99年11月30日には、これをさらに進めた「複合効果・複合汚染物質議定書」(ヨーテボリ議定書)が妥結に至り、各国代表が署名した。ヨーテボリ議定書は、これまでのさまざまな議定書を統合したもので、欧州全域を酸性化・富栄養化から守り、地表の O_3 を削減する目的で、SO_2、NO_2、揮発性有機物、アンモニアについて、2010年において国別排出シーリングを設定している。各国のシーリング枠は、付属書Ⅱに4種の汚染物質ごとに表示された。さらに、ヨーテボリ議定書の加盟国の内側では、EU の次元で、法的拘束力の強い EU 指令を策定する交渉が始まり、2年後の01年10月23日に「国別排出シーリング指令 National Emission Ceilings Directive (2001/81/EC)」として成立した。これでヨーテボリ議定書の遵守は、EU の大気規制政策に全面的に繰り込まれることになった。それは、オスロ議定書がその第2条に掲げた、限界負荷量地図以下に大気汚染物質の降下量を削減するという大目標を、EU 所管の下に横すべりさせ、実行可能な政策に翻訳して、現実の政策としていくことを意味した。

　さらに03年以来、RAINS プログラムは、オランダの資金提供を受けて、大気汚染物質の削減と温暖化対策の連動性をも評価できる、GAINS 仕様への拡張作業を行ってきたが、これが07年に完成し、運用可能になった。具体的には、SOx、NOx、揮発性有機物、極微粒子 (PM2.5) の削減効果に加えて、CO_2、メタン、フロンガスの削減策の効果もこれに含め、特定の政策を採った場合の、その影響関係が必要に応じて取り出しが可能になった。LRTAP 条約が、そのアセスメント・モデルの次元で大気関連因子の効果を統合化することの目的は、

費用／便益が効果的な政策を選ぶためである。しかしそれは必然的に、実体をともなった古典的な越境大気汚染に関する外交実績と、なお未定形な部分を含む新しい外交課題である温暖化対策とを、一元化して扱う立場を促す結果になった。

07年に、条約事務局とIIASAは合同で、『ヨーテボリ議定書の評価 Review of the Gothenburg Protocol』を作成した。これそのものは、LRTAP条約の規定に従って作成された評価報告であるから、その冒頭の要旨では、①大気汚染物資の排出ははっきり減少しているが、地表O_3が減ったという明確なデータはないこと、②これらの大気汚染物質は健康上の害をもたらすものであり、公衆衛生上の政策効果は、議定書が定める排出削減のコストを明らかに上回っている、という当然の主旨の総括を行なっている。しかし同時に、この評価報告書はその後半で、大気汚染問題の対策と温暖化対策とを総合して評価することの重要性を指摘したうえで、これを具体的に展開し、EUがCO_2／トン当たり20ユーロの削減コストで京都議定書を遵守した場合、さらに2020年に野心的な目標として掲げているCO_2排出20％（90年基準）を行った場合、それぞれについて、LRTAP条約の枠組みからみた経費負担の減少分を計算している。しかし、大気汚染物質に関するシミュレーションによる統合評価と、一方的なCO_2削減政策とでは、あらゆる面で精度が異なっており、現実的な課題としての越境大気汚染問題と、観念的な脅威という性格がぬぐいきれない温暖化対策を連結させることに関する、避けられない溝が、明らかになってきている。

規制科学と外交科学

ところで、LRTAP条約の機構は、自然科学と外交とが実際に融合し機能している典型的な例である。逆に世界を見渡してみても、こ

のようなケースはまず見当たらない。EMEPは、科学の存在形態からしても、たいへん特殊なものであり、それ自体、分析してみる価値が十分にある。この「科学＝政治複合体」と呼ぶべきものについて、石井敦は、S.ジャサノフが「規制科学 regulatory science」の概念を展開したのに対して（S.Jasanoff；*The Fifth Branch*,1990）、「外交科学 diplomatory science」という概念を提案している（石井敦：『年報科学・技術・社会』第14巻、2005）。石井の表をもとに、一般の科学研究、ジャサノフが提唱した規制科学、「外交科学」の特徴を、概括したのが表9である。

　一般の科学研究→規制科学→外交科学、の順で特徴をみていくと、次のようになる。一般の科学研究の目的は、真理追究一点にあるのに対して、規制科学と外交科学は、政治的決定や外交合意に有用な科学情報を産出することを目的とする研究活動である。一般の科学研究は、発見の優先順位を競う以外、とくには時間的な制限はない。だが規制科学と外交科学では、政治的決定のためのタイムテーブルにそって、特定の政策課題に関係する科学情報を、一定の期限内で収集・産出することが課せられる。規制科学によって生産される科学情報の需要先は、環境政策などの政策形成やこれに立脚した政治的決定の場であり、研究成果は必ずしも論文の形で発表されるわけではない。具体的には、政府・議会・裁判所などでなされる政策論争を収束させるのに資するための科学であり、その意味で統治機能の一端に連なるものである。だからこそジャサノフは、自著に『第五の権力肢』というタイトルをつけたのである。アメリカでは、憲法が規定する三権（立法府、行政府、裁判所）に加え、ジャーナリズムを第四権力としてあげるのが普通である。この四権力に以外に、政治的決定に資することを意図した科学情報の生産セクターが存在し、現在社会のなかで無視できない権力を発揮し始めている、というのがジャサノフの指摘である。

表9 規制科学と外交科学の比較（参考に IPCC を付記）

	科学研究	規制科学	外交科学	IPCCの性格
目的	真理の追究	政策決定に有用な科学的知見の産出	外交的有用性をもつ科学的知見の産出	同左
時間的制約	なし	政治交渉や法的に決定された時間枠組みに従う		IPCCの判断
研究成果の採否	自由競争	受容もしくは棄却	同左	査読つき論文についてコンセンサス方式のレビュー
意思決定する主体	科学者、研究組織	議会、行政、裁判所	主権国家	主権国家
行動規範	科学者集団としての自律規範	国内統治の秩序	政治的中立性	△
			透明性	△
				科学者集団としての自律的規範

（石井敦、『年報　科学・技術・社会』第 14 巻、2005、をもとに改編）

　一般の科学研究は、真理追究を唯一の目的にするのに対して、規制科学と外交科学は、政治的決定や外交合意に有用な科学情報を産出することを目的とする研究活動である。一般の科学研究は、発見の優先順位を競う以外、とくには時間的な制限はない。だが規制科学と外交科学では、政治的決定のための行程表にそって、特定の政策課題に関係する科学情報を、その期限内で収集・産出し評価することまでが求められる。規制科学によって生産される科学情報の需要先は、政治的決定の場であり、研究成果は必ずしも論文の形で発表されるわけではない。具体的には、政府・議会・裁判所などでなされる政策論争を収束させるのに資するための科学であり、その意味で統治機能の一端に連なるものである。

　これに対して「外交科学」は、主権国家からなる外交という特殊な場における合意形成に資するための科学情報を提供する活動であり、「科学的アセスメント」に特化した研究活動である。これが外交交渉の基盤として真に機能するためには、外交の場に提出される科学情報が真理で重要であるというだけでは機能しない。あらゆる関係国と利害当事者からみて、研究活動全体のアカウンタビリティーが要請される。そこでは、一般の研究者社会で培われてきた共同研究やレビューのための運用原則をはるかに超え、ガラス細工のような外交的配慮が不可欠となる。石井敦はその要件として、政治的中立性、透明性、外交的有用性の3つを挙げている。

　「外交科学」の概念を参照することで、IPCC の組織としての特徴とその意味を明確にすることができる。IPCC は、科学的アセスメント組織という点では、EMEP と同列ではあるが、ここで言う「外交科学」には該当しない。制度面でも、LRTAP 条約における EMEP やウィーン条約における CCOL が、条約本文の中に規定された条約内組織であるのに対して、IPCC は気候変動枠組み条約機構とは別個の国連直轄の組織である。

これに対して「外交科学」は、主権国家からなる外交という特殊な場における合意形成に資するための科学情報を提供する活動である。言い換えれば、「科学的アセスメント」に特化した研究活動の特殊な形態である。これが外交交渉の基盤として真に機能するためには、外交の場に提出される科学情報が真理で重要であるというだけでは、まったく機能しない。あらゆる関係国と利害当事者者からみた場合の、研究活動全体に関する完全なアカウンタビリティーが要請される。そこでは、一般の研究者社会で培われてきた共同研究やレビューのための運用原則をはるかに超え、ガラス細工のような外交的配慮が不可欠となる。石井敦はその要件として、政治的中立性、透明性、外交的有用性の3つを挙げている。

　外交科学における政治的中立性とは、科学的アセスメントの全工程・全要素に関して、特定の国の国益バイアスが混入していないことを、互いに認識しあうことであり、信頼醸成措置のための手続きが欠かせない。これは伝統的な科学論でいう科学の価値中立とは、まったく別種のものである。また、外交科学における透明性とは、研究内容の完全な公開・公表は言うに及ばず、データやモデル開発の段階における透明性も含まれる。データ収集のプログラムや、モデル開発の構想段階から、関係国の交渉担当者に呼びかけ、あらゆる交渉関係者を参加させることが必要となる。

　外交的有用性とは、交渉実務や政治的なタイムスケジュールの相互の間で、容易に換算可能な程度に、データ・予測値・モデル設計に関して、情報の圧縮、指標の統合・簡略化などに関して、合意が成立していることを指している。科学者だけにまかせておくと、研究プログラムはどんどん精密になり、期限内の政治的決定という要請から離れて「専門研究のジャングル」へ向う性向があるからである。規制科学や外交科学のこのような特性は、伝統的な意味での科学の価値自由と

いう認識からは、明らかに離れた位置にあり、それは後述するラベッツの指摘と重なってくる。

IPCC の位置確認

　この「外交科学」の概念を参照軸とすることで、IPCC の組織としての特徴やその意味が明確にすることができ、IPCC に対するさまざまな角度からの批判をも整理することが可能になる。そもそも IPCC は、科学的アセスメント組織という意味では EMEP と同列ではあるが、ここで言う「外交科学」には当てはまらない。だから第1章で、国際法上の公的科学的アセスメント組織として一括した「表1　地球科学と国際政治との融合」は、少し誤解を招きやすいかもしれない。条約との位置関係を厳密に比較すると、IPCC は他の科学的アセスメント組織と同格のものではない。LRTAP 条約における EMEP やウィーン条約における CCOL が、条約本文の中に規定された条約内組織であるのに対して、IPCC は、気候変動枠組み条約機構とは別の国連直轄の組織である。

　視点を変えると、IPCC は、冷戦後の激変の中で後追い的に、新たに焦点が合わせられることになった、地球温暖化という茫漠たる脅威について、その具体像を描き出すことを国連から託された、科学情報の集約機関である。IPCC を評価する場合は、このような国際法上の位置づけを念頭において行うべきである。たとえば、S. ベヘマー＝クリスチャンセンらは、IPCC に対して、伝統的な科学の規範を適用する立場から、興味深い分析を行っている（S.Boehmer-Christiansen,et.,*International Enviornmental Policy*, 2002, Edward Elgar）。ベヘマー＝クリスチャンセンらは、IPCC のアセスメント作業が「科学的コンセンサス」を原理とすることの、本質的な矛盾を指

摘する。つまり、自然科学はほんらい「体系的懐疑」の上に立つことを原則とし、あらゆる角度から繰り返し疑義をなげかけられ、精査を受けることで真理性が担保される知的活動である。時間という資源を無限に投入する、いわば永久法廷の場である。ところがIPCCはその設立の経過からして、本質的に「温暖化警告主義 climate alarmism」に立たざるをえない組織である。ベヘマー＝クリスチャンセンが指摘するように、純粋の科学的レビューという作業基準からは逸脱し、温暖化に関する警告書へと傾斜していることは事実として認めざるをえない。たとえば第4次IPCC報告は、既発表の論文を2,500名の専門家がレビューした権威ある文書だと、IPCCの側は主張するのだが、レビューを行う専門家は、各国政府が提出した推薦名簿から、IPCC事務局が選択した人間である。結果的に、IPCCの査読過程に参加する研究者の大半は、温暖化問題に強い関心をもち、温暖化研究で多額の研究費を得ているという点で、この問題に関する利害当事者がほとんどである。また、政府担当者も似た立場にある。さらにこの周囲を、環境関連業界、環境NGO、メディアなど、IPCC報告を警鐘の権威として利用したい「ユーザー」たちが囲んでいる。

　ただ、ベヘマー＝クリスチャンセン自身は、地球温暖化を否定したり、省エネ社会への投資に反対したりしているわけではない。しかし、温暖化問題の実際は、このような国際関係論の研究者までもが、温暖化懐疑派に分類されてしまうほど、政治イデオロギー化している。このような政治構造全体を認識することが重要なのである。

第 3 章

IPCC
―― 科学と政治のキメラ

さて、もう一度、冷戦の最末期に戻って見よう。88年12月6日、国連総会は「国連総会決議（43/53）：人類の現在および未来の世代のための地球気候の保護」を採択した。国連決議は、ひどく一般的な内容のものがほとんどなのだが、この決議には次のような項目が含まれていた。

……「5項：世界気象機構（WMO）と国連環境計画（UNEP）が共同で、気候変動に関する政府間パネル（IPCC）を設立し、気候変動とその現実的な対応戦略の程度・タイミング・起こりうる環境上および社会経済的な影響について、国際的に調整された**科学的アセスメント**（強調は米本）を提供することを承認し、すでにこのパネルが率先して行っている作業に対して謝辞を表明する」。

「10項：WMO事務総長とUNEP総裁は、IPCCに対してただちに指導的役割を発揮し、できるかぎり速やかに、以下に関して包括的な調査と勧告とを要請する。(a) 気候および気候変動に関する科学の最新情報、(b) 地球温暖化を含む気候変動の社会的経済的影響に関する研究と研究計画、(c) 気候変動の有害な影響を遅らせ・制限し・軽減するための可能な対応戦略、(d) 気候の所管に関係する既存の国際法上の仕組みを同定し、それを強化する可能性、(e) 将来可能な、気候に関する国際条約に含まれる諸要素。」

この決議によって、IPCCという、動きだしたばかりの科学的プログラムが、地球温暖化に関して科学情報に立脚したアセスメントを行う、国連の正式機関として認知されたことになった。ユネスコが所管する、政治とはまったく無縁の自然科学とは別種の、科学的組織の登場であり、それに正当性（legitimacy）が与えられたことになる。引用文の最後をみると、すでに88年末の時点で、気候変動に関する国際条約の締結までが、国連の視野の内にはあったことがわかる。

ところで、国連がこの決議を行った翌日、88年12月7日にはゴル

バチョフ・ソ連書記長（当時）が、首脳としては28年ぶりに国連の会議場にのりこみ、50万兵力の一方的削減を主軸とする軍縮演説を行った。国連本部のあるニューヨーク12月7日は、日本時間の12月8日、パールハーバーの日である。ソ連がわざわざこの日を選んだこと自体、西側に向けての重要なサインであった。この電撃的な演説が引き金となって、翌89年11月にはベルリンの壁が崩壊し、冷戦は一気に収束に向かう。つまり、88年12月の国連における動きを注意深く見守っていれば、冷戦終焉の兆候と、地球温暖化が主題化してくる過程が、相互に「逆相関」の関係にあることを、察知できた可能性がある。

　IPCCそのものは、この国連決議に先立つ88年11月に、WMO（世界気象機構）総会において発足したプログラムである。ただし、今日言う「気候変動」の問題について初めて公式討議が行われたのは、その10年前の79年の第1回世界気候会議である。これ以降、85年のフィラハ会議まで、少数の研究者が議論をしてきた。そして85年のフィラハ会議で、「来世紀（21世紀）前半には、人類史上経験したことのない地表気温の上昇が起こる可能性があり、科学者と政治家は、効果的な政策と適応について協力して研究を始めなければならない」というコンセンサスが成立したのである。問題はこれがこの段階では、少数の研究者の間での合意にすぎず、これを国際政治の場にどう影響力を及ぼしていくか、という点であった。

　UNEPのM.トルバ総裁は、ウィーン条約がUNEP主導で成立したのに自信をもち、これと同様の状況を、温暖化問題にも招来させることを考えた。トルバは、WMO、ICSU（International Council of Scientific Unions）、UNEPの間で話しあいを始め、温室効果ガス助言グループ（AGGG）を発足させる一方で、当時のシュルツ米国務長官

に手紙を書いた。だが、アメリカ国内でも環境庁やエネルギー省が、温暖化に関するアセスメント研究に着手すると、米政府に対して、国内石油産業や海外の産油国から圧力がかかるようになった。こうなると、オゾン層保護の問題で主導権をとったUNEPのトルバ総裁が、温暖化問題でも同様な意欲をもっていることは、アメリカ政府としては好ましくない事態と映った。こうして最終的にはUNEPの突出を抑えて、WMOとUNEPの支援によるIPCCという中間組織が新設されることになり、初代代表にはスウェーデンの科学者、B. ボリンが任命された (S.Agrawals: *Climatic Change*, Vol.39, p.605, 1998)。

88年11月のWMO総会決議で示されたIPCCの目標は、①利用可能な科学情報によって気候変動を評価すること、②気候変動の環境および社会・経済への影響について評価すること、③対応戦略の体系化、というものであり、その概要はまだ漠然としたものであった。だがともかく88年末には、気候変動と人間活動の影響に関して包括的に評価する、自然科学と国際政治とを結びつける公の組織が動き出したことになる。そのIPCCにとって、なりよりも重要なのは実績を上げることであった。こうしてともかく90年末、IPCC第1次報告が完成したのである。

その直後の90年12月に、ジュネーブで、第2回世界気候会議が開かれた。79年に第1回世界気候会議が開かれて以来、11年ぶりの開催である。それは、世界の政治意識が深いところで変化が生じたことの表れでもあった。この世界気候会議で三つの報告がなされ、そのすべてが承認された。第一は、第1回世界気候会議の折にWMOが提案し、WMO・UNEP・ICSUの支援で進められてきた「世界気候プログラム World Climate Program：WCP」という国際共同研究の10年間の成果報告。第二は、IPCC第1次報告書。第三は、86年から始まった国際共同研究、「国際地圏生物圏プログラム International

Geosphere-Biosphere Program：IGBP」を拡張することの提案である。これらの報告のすべては、その後の IPCC による科学的アセスメントの、先駆け研究となるものであった。

　IPCC 報告は、88 年 WMO 決議を念頭に、当初から三つの作業部会（ワーキング・グループ）に分かれて行われてきており、第 2 次報告（95 年）以降になると、第Ⅰ作業部会：気候変動の自然科学的評価、第Ⅱ作業部会：気候変動の影響評価と適応策、第Ⅲ作業部会：気候変動の影響に対する緩和策、という分野区分が明確にされ、多数の研究者や政策立案者がその作成に関与する、膨大な作業となった。ただしその中で、90 年の第 1 次報告・第Ⅲ作業部会報告の最終章、「第 11 章 法的・制度的メカニズム」（同書、pp.261 〜 268）だけは、法学者 3 名の共同執筆による異色の章となっている。とって付けた感のあるこの章は、先の国連決議（43/53）の要請の最後の部分に関して、IPCC 側が特別に応答したものに当たり、それまで構想されたことがなかった、来るべき、気候変動枠組み条約に含まれるはずの項目が列記されている。国連は、これを公式手続き根拠の一つとし、90 年 12 月の国連決議（45/212）を採択して、政府間交渉会議（INC）を設置した。これ以後、条約交渉はこの公式テーブルに移され、前述したように条文作成の交渉が、精力的に行われることになるのである。

IPCC の制度と機能

　IPCC は、国連気候変動枠組み条約と同じく、国連傘下の組織なのだが、温暖化条約の機構とは別立てに設計されている。温暖化条約が予防原則に立った宣言的性格の「枠組み条約」であるのに対して、IPCC は、第一義的にはこの条約機構に対して、そして同時に全世界に向けて、地球温暖化に関する人間活動の影響について総合的な科学

的アセスメントを行い、その結果を提示する業務を託された公的機関である。言い換えれば、そもそもIPCCはその誕生の時点において、それまで漠然としていた地球温暖化を、国際政治上の脅威として、その具体像を描き出す役回りを与えられた組織である。だから、将来さまざまな方向からの政治的圧力にさらされることを、運命づけられた組織でもあった。後述する「ホッケースティック論争」や「クライメイト・ゲイト事件」を見れば明らかなのだが、IPCC関係者は、荒々しい政治の世界からは無縁の、微温的な科学者だけの世界で生きてきた人間が大半であり、国際政治の現実――相互恫喝空間であることを思い起こしてほしい――への認識が甘かったのである。

　IPCCは、急ごしらえの色彩の強い第1次報告の後、第2次報告を95年に（実質的には96年春）、第3次報告を01年に、第4次報告を07年に発表してきている。現在は、2013年に完成予定の第5次報告の作成作業に入っており、各国政府から推薦された約3,000名の候補から、IPCCによって381人の執筆者が選ばれ、作業部会ごとの予定目次が公表された段階にある。

　IPCCは現在、次のような体制になっている。

　IPCCは、WMOとUNEPよる共同所管の組織であり、この二つの国連機関の加盟国194カ国の政府代表からなる決定機関、パネル総会（Plenary）が最上位にある。文字通りの「政府間パネル」であり、自然科学と国際合意形成との中間に位置する国連傘下の新組織である。IPCCの組織は、アセスメントの作業が特定の立場からの影響を受けないようにすると同時に、初期の段階ではきわめて関心が薄かった各国政府を温暖化問題に関与させる、という意図から、科学と政治のバランスを取るよう慎重に設計されている。

　パネル総会で、IPCCの議長と「ビューロー」を構成する人間が推薦され、選挙によって選ばれる。ビューローはパネル総会で決まった

ことを実施する組織であり、その構成は、議長1人、副議長3人、作業部会・共同議長7人、作業部会・副議長18人、国別温室効果ガス・インベントリー作業部会・共同議長2人、の合計31人である。さらにパネル総会は、IPCCの制度・規則・計画・予算という重要事項を決定し、各作業部会のアセスメント作業の計画を承認する。なかでも、パネル総会で長時間の討議になるのは、各作業部会報告すべての巻頭につける「政策立案者向け概要 Summaries for Policymakers：SPM」と、別途作成する三つの作業部会報告をまとめた「統合報告 Synthesis Reports」を扱う場合である。これらは、パネル総会の承認（approve）事項であるため、その全文が各国政府代表の討議にさらされ、少なくとも「消極的同意」が必要となる。とくに、第1次報告(90年)と第2次報告（95年）の作成過程では、統合報告の審議で、産油国が人為的な影響についての科学的根拠を問題にし、表記のし方で紛糾した。先に引用した、IPCCが初めて人為的影響を認めた第2次報告の表現が、きわめて慎重なものになっているのは、このような承認手続きを踏んでいるからである。ただし、レビュー手続きが定式化されたのは、93年6月のIPCC第9回パネル総会で採択された、ピアレビューに関する決定が最初である。IPCCのレビューそのものは、自然科学で一般的に行われている、レビュー活動と本質的に変るところはない。違うとすれば、その作業が大掛かりで分野横断的であることである。

　さらに統合報告の作成の手法については、第3次報告（01年）以降に、大幅に改正された（B.Siebenhuener：*Global Environmental Change*,Vol.13,p.113,2003）。まず、IPCC事務局が温暖化条約の事務局と話し合って、重要課題（key questions）のリストを作成し、統合報告ドラフトの審議は、いくつか大きな文章の塊に分割して、効率的に行うこと。その代り、より注目度の高い統合報告の「政策立案者向け概要」については、科学者による執筆集団が書いたドラフトを各行ご

と (line-by-line) に審議する。この手法は、各作業部会報告の SPM についても同様である。

いくら「政策立案者向け概要」の部分だけとは言え、各国政府代表による逐語的な審議を経る以上、外部の目には、IPCC 報告は政治によって完全に支配された「政治文書」であると裁断されてしまう恐れがある形態ではある。だが、科学的アセスメントの作成である以上、パネル総会で政府代表が加えるコメントはすべて科学論文に依拠したものでなければならず、争点のほとんどは表現上のバランスに関することになってくる。

図6は、国連気候変動枠組み条約と IPCC のさまざまな作業を、政治領域→科学領域という軸の濃度で表したものである。

実態をどこまで反映しているものかは別にして、直感的にはわかりやすい図式化であり、考え方を整理するのには有用である。この図6にある、条約機構と IPCC とをつなぐジョイント・ワーキンググループは、93年に当時のボリン・IPCC 議長の主導によって、条約交渉に携わる政治家と科学者とが直接、情報交換する場として設けられたものである。95年の COP1 では、条約発効を機に IPCC を条約機構の下に置こうとする政治的思惑が動いたが、最終的に「IPCC/FCCC ジョイント・ワーキンググループ」と命名され、両者の中間に位置する公的なものとしての地位が固まった。その意味は、気候変動に関する国際交渉の場と、科学的アセスメント活動との間で再線引がなされ、双方とも自律的存在で、互いの上位に立つものではないとする、制度上の決着が図られたものである。この会合に実際に参加するのは、双方の事務局の責任者がほとんどである。

この図6は、IPCC 活動の中で、各国代表がすべてを決定し、IPCC 報告冒頭に置かれる「政策立案者向け概要 SPM」を逐語的に審議する IPCC のパネル総会は、政治色が強い場とみなされている。他方、

図6 政治vs.科学のなかでのIPCCの位置づけ

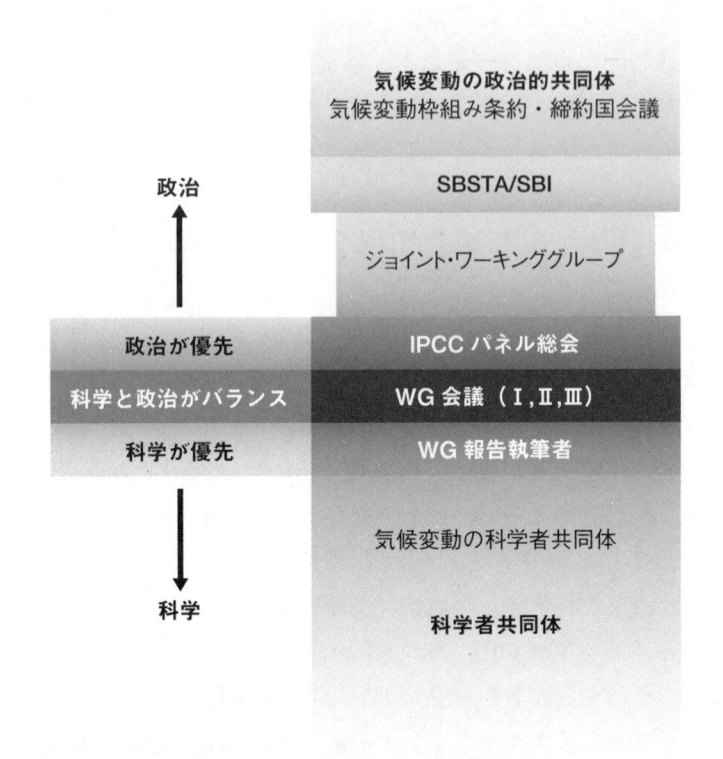

```
                              気候変動の政治的共同体
                              気候変動枠組み条約・締約国会議

      政治
       ↑                            SBSTA/SBI

                              ジョイント・ワーキンググループ

     政治が優先                    IPCC パネル総会
   科学と政治がバランス              WG 会議（Ⅰ,Ⅱ,Ⅲ）
     科学が優先                    WG 報告執筆者

                               気候変動の科学者共同体

       ↓                          科学者共同体
      科学
```

(B.Siebenhuner ; *Global Environmental Change* , Vol.13,p.113,2003)

　図6は、気候変動枠組み条約とIPCCの作業を、政治色が濃厚→科学的な活動、という軸にそって図式的に表したもの。実態を反映しているかは別にして、直感的にはわかりやすい図式化である。図6では、各国代表がすべてを決定し、IPCC報告の政策立案者向け概要（SPM）を逐語的に審議するパネル総会は、IPCCの中では最も政治色が強い場とみなされ、他方で、各作業部会（WG Ⅰ、Ⅱ、Ⅲ）で共同執筆者による報告書作成の場は自然科学に属するものと考えられ、執筆する科学者らは、気候変動の研究者社会と連続している、という理解にたっている。

各作業部会（WG Ⅰ, Ⅱ, Ⅲ）の共同執筆者が報告書を作成する活動領域は自然科学に属するものと考えられ、それは自動的に気候変動に関する研究者一般の集合体と連続している、という理解にたっている。しかし当然、これで話がおさまるわけではない。IPCC の科学論については後述する。

　IPCC 報告は次のような順序で作成されるが、これはすべて、パネル総会で承認された手順である。まず、ビューローのメンバーが、総会で選出されて決まると、次の報告の骨格案と工程表が総会で承認される。総会では、各国政府代表の意向が反映して、来るべき報告書の目次案の中には、科学的には明確な評価を出しにくい項目が列挙されがちになる。たとえば、適応戦略のコストの項目が盛り込まれたりすると、研究者の側は、情報の収集やレビューのし方で悩むことになる。次期報告書の概要が承認されると、作業部会（ワーキンググループ）ごとに分かれて、各国政府や関係機関から推薦された専門家のなかから、執筆者群（実際には、コーディネイティング・リードオーサー、リードオーサー、レビュー・エディターという役割と権限の分担がある）を選び出す。彼らはまず、前回の報告書の評価と見直しを行うための研究会を開催する。その後、執筆者集団が第一稿を作成し、専門家のレビューを受けた後、第二稿を作成し、再び専門家のレビューを受けると同時に、政府代表のレビューを受け、最終ドラフトを作成する。この最終案がパネル総会にかけられ、SPM は各行ごとの審議を経た上で、全体が承認される。これを IPCC 事務局が受理し、出版する（図 7）。

　執筆者集団はドラフト作成マニュアルに従って文章を起こす。原則として基本資料は、査読（peer review）を経て専門雑誌に発表された、広く利用可能な学術論文とする。これ以外の文献や情報源を利用する場合は、査読を受けない文献であることを明示し、執筆者以外の人間による審査を受ける必要がある。第 3 次報告書で挙げられた 14,000

図7 IPCC報告の作成過程

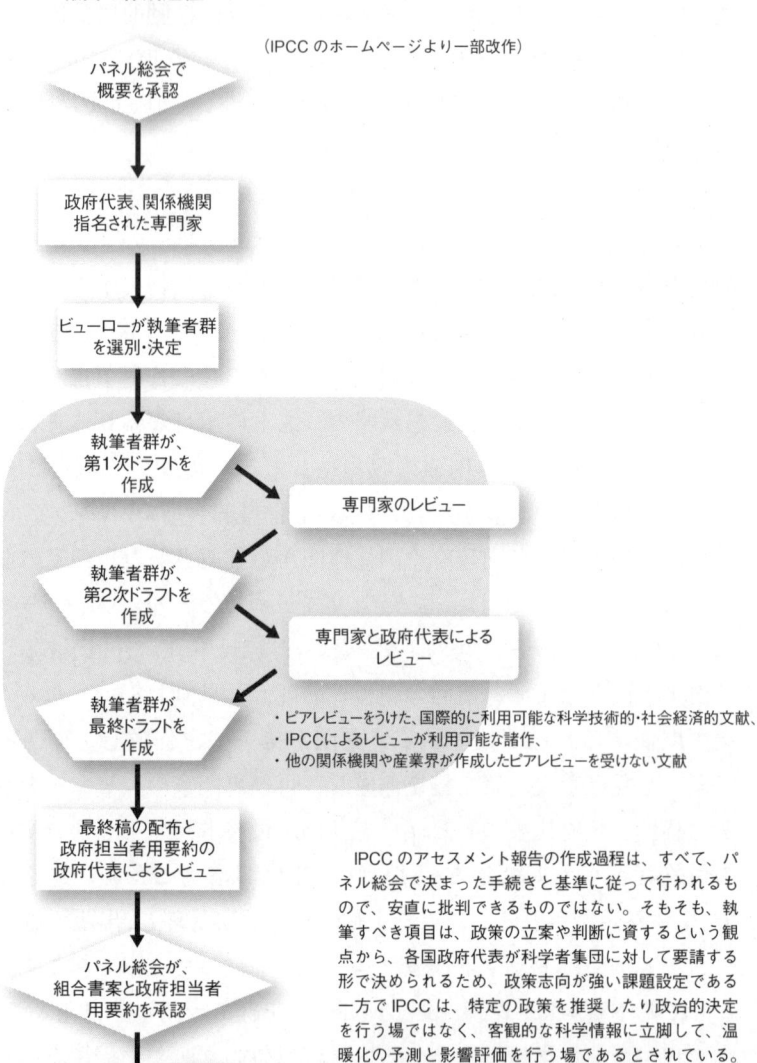

（IPCCのホームページより一部改作）

- パネル総会で概要を承認
- 政府代表、関係機関指名された専門家
- ビューローが執筆者群を選別・決定
- 執筆者群が、第1次ドラフトを作成
  - 専門家のレビュー
- 執筆者群が、第2次ドラフトを作成
  - 専門家と政府代表によるレビュー
- 執筆者群が、最終ドラフトを作成
  - ・ピアレビューをうけた、国際的に利用可能な科学技術的・社会経済的文献、
  - ・IPCCによるレビューが利用可能な諸作、
  - ・他の関係機関や産業界が作成したピアレビューを受けない文献
- 最終稿の配布と政府担当者用要約の政府代表によるレビュー
- パネル総会が、組合書案と政府担当者用要約を承認
- 報告書の発行

　IPCCのアセスメント報告の作成過程は、すべて、パネル総会で決まった手続きと基準に従って行われるもので、安直に批判できるものではない。そもそも、執筆すべき項目は、政策の立案や判断に資するという観点から、各国政府代表が科学者集団に対して要請する形で決められるため、政策志向が強い課題設定である一方でIPCCは、特定の政策を推奨したり政治的決定を行う場ではなく、客観的な科学情報に立脚して、温暖化の予測と影響評価を行う場であるとされている。そのため、政治的要請と研究成果の粗密というミスマッチは不可避であり、またバランスのとれた科学的レビューであることを要求されるために、その表現のし方は、一般からみるとわかりにくく、歯切れの悪いものになりがちになる。

件の文献のうち、第Ⅰ作業部会は査読つき文献が84％であったのに対して、第Ⅱ作業部会ぶんは59％、第Ⅲ作業部会ぶんは36％であった（InterAcademy Council,*Climate Change Assessment*,2010,p.16）。純粋の学術論文以外の「灰色領域の文献」には、技術報告、シンポジウムの記録、統計や政府報告など多様なものが含まれる。このことは、それだけパネル総会を介してIPCCのアセスメント作業に要求される対象が、政策志向が強く、広範囲で複雑なものであることを反映している。

よく強調されるのは、この作成に関わる科学者の数が膨大な数に上っていることである。第4次報告(07年)の場合、450名のリードオーサー、800名の執筆者、そして2,500名の専門家のレビューによって90,000件以上のコメントがメールで寄せられた（IPCCホームページより）。執筆責任者たちは手分けをして、これにすべて回答しなくてはならない。こうして第4次報告に関わった専門家は3,500名以上、報告書のページ総数は2,700ページに達した。この作業に加わる専門家はボランティアであり、IPCCが独自の研究プログラムを持っているわけでもない（図8）。

これほど膨大な作業となると、その中に一つもミスがないということなど、まず不可能である。そして、温暖化問題が国際政治の本流に位置するようになればそれだけ、これ反対する立場からの政治的圧力の標的になりやすいことになる。

IPCC報告の暗黙の主張

このように、IPCC報告は、膨大な知的エネルギーを投入して作成されてきている。20年以上にわたって、これほどの国際的な規模で、科学的アセスメントが波状的に積み上げられてきている政治的課題は

図8　IPCC報告の執筆者数

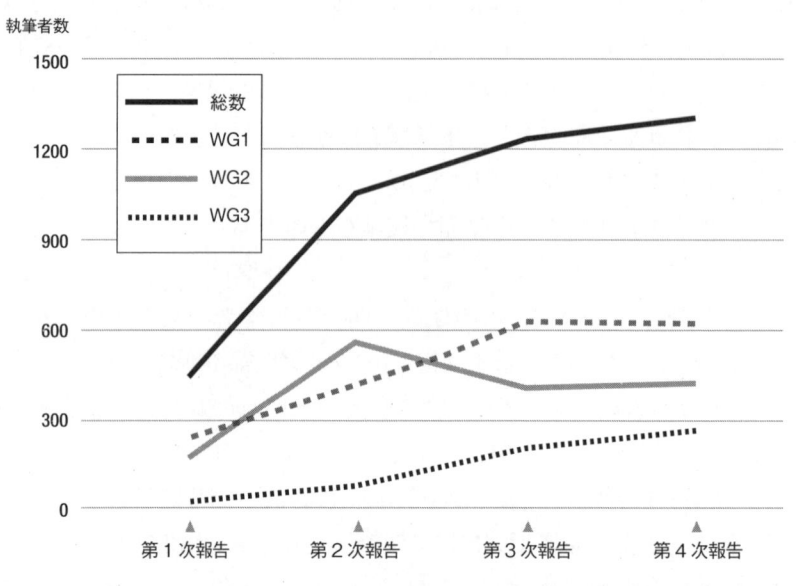

執筆者数

(InterAcademy Council: ,Climate Change Assessments, p.5,2010)

　IPCC報告の作成は、ビューローが選んだ多数の執筆者が作成するが、この過程と仕上がりを統括するコーディネイティング・リードオーサー、リードオーサー、レビュー・エディターという役割と権限分担があり、あらかじめパネル総会で決められた執筆項目ごとに、マニュアルに従って、文案作成と編集作業が行われる。

他にはない。これまでに出された、4次にわたる IPCC 報告書はそれぞれに特徴があり、影響力もさまざまである。その内容については、すでに多くが語られているから、ここではその詳細には踏み込まないで、CO_2 排出削減に関わる「科学と政治」の基本構図という観点から論じるのにとどめておく。

　95年に発表された IPCC 第2次報告は、早くもこの段階で、温暖化条約が究極の目的とする大気中の CO_2 濃度安定について、長期的視点からの図を示している。毎年1.8ppm（95年現在：近年は約2.0ppm

に増大）ずつ増えている CO_2 濃度について、その長期シナリオを描いてみせるのは簡単だからである。図9の上の図は、95年から300年かけて、大気中の CO_2 濃度を安定化させるものとして、毎年同じ変化率とした場合の濃度シナリオである。Sはシナリオの意であり、S750の線は、300年後に CO_2 濃度を750ppmで安定化させる場合の濃度推移である。S550に点線が入っているのは、産業革命前の大気中の CO_2 濃度は280ppmであり、微量ガス（大気中の体積比で0.03％）の CO_2 は、これまでの研究では、これが2倍になった場合を想定した計算する例が多かったからである。

　ただし、550ppmで安定化させた場合、どの程度の被害が出るのか、この時点では不確かであった。しかし、一見、容易に見える550ppm安定化をめざしたとしても、人類に許される CO_2 排出余地は信じられないほど少ない。それを示したのが、図9の下の図である。かりに550ppm安定化をめざすとすると、今21世紀に入ると同時に、CO_2 の全排出量を頭打ちにし、世紀末までには減少局面にもっていかなくてはならない。その理由は、毎年の濃度増大ぶんを人間による過剰排出とみなすと、90年現在においてすら、その55％を削減しなくてはならないという単純計算になるからである。

　これが、条約の究極目的に従って、科学者集団であるIPCCが、まず描いてみせた将来についての選択肢である。ただしIPCC報告では、こうすべきだという、特定の政策選択を推奨するような表現は慎重に排除されている。脅威をどのように評価し、どのような政策をいつ採用するかは、政治的決定の領域であるからである。温暖化が確実視され、被害がこれだけ予想されるのだから、CO_2 排出をただちに半減させるべきだ、という主張は「地球科学の専制 tyranny of earth science」と呼ばれる立場に近い。

　そもそも地球温暖化問題は、CO_2 排出をエネルギー消費と同一のも

図9 IPCC第2次報告が示したCO_2濃度安定化のシナリオ

二酸化炭素の濃度安定化のシナリオと今後許される排出量

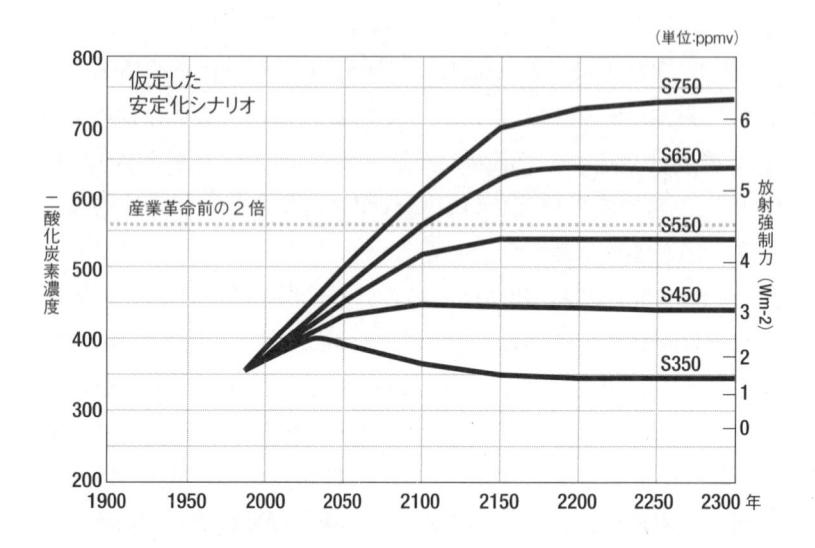

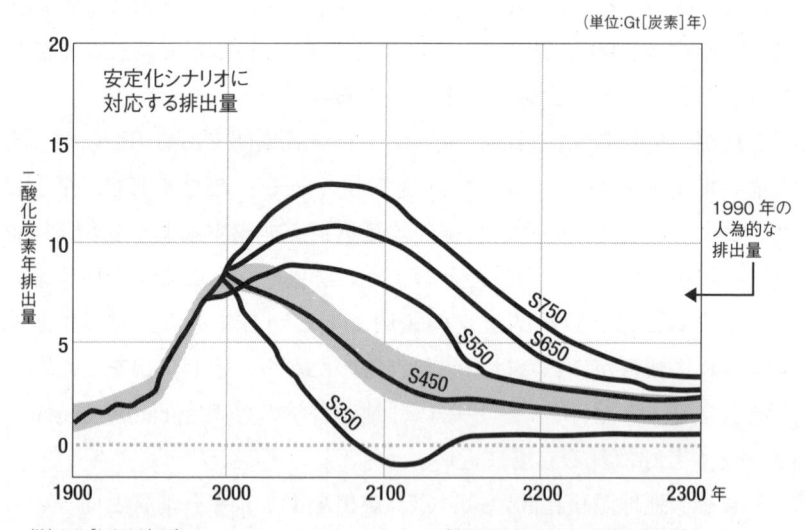

(単位:ppmv)

仮定した安定化シナリオ

産業革命前の2倍

S750
S650
S550
S450
S350

二酸化炭素濃度 / 放射強制力 (Wm-2)

(単位:Gt[炭素]年)

安定化シナリオに対応する排出量

1990年の人為的な排出量

S750
S650
S550
S450
S350

二酸化炭素年排出量

(注) Sは「シナリオ」の意。　　　　　(IPCC:*Climate Change*,1995を一部改作)

のと考え、経済活動そのものとみなすと、一種の計画経済を前提とした課題設定である。しかし人類は、こんなラジカルな課題に取り組んだことは、一度もないのである。計画経済を軸に社会を設計したのは社会主義国だが、現在、残っている中国ですら、古典的な意味での計画経済（5年計画）は、20年ほど前に事実上放棄してしまった。かつてスターリン時代に7カ年計画が立てられたことがあるが、数年で頓挫した。

　20世紀型の共産主義政権が採った、あれほどの権力集中をもってしても、実経済をコントロールすることは不可能と言ってよかった。ましてや、現在、最良の権力執行の形と信じられている議会制民主主義というものは、その時点で選挙権をもつ人間集団間での、利害調整の制度でしかない。もし、30年先のエネルギー政策をいま決めるとすると、まだ生まれてきてはいない世代の人間の利益に同等の重みづけをして、判断しなくてはならないはずである。このような視点に立った社会制度や権力の運用方法についての開発は、まったく未着手であると言ってよい。少なくとも、現世代に対してそのような態度を鼓舞し、そのための判断に必要な科学情報を生産し、体系的に提供できるような体制が整えられているわけではない。

　この第2次報告から12年後の第4次報告では、当面の気温上昇と、これとは別に究極的なCO_2濃度安定化の水準との関係をより明確に示すようになっている。

　まず、21世紀末に2℃ほど平均気温が上昇してしまうことは避けられない。図10がその結果である（図10：口絵参照）。

　増加するCO_2濃度による温暖化の予測は、コンピュータ・シミュレーションによるのだが、その場合、CO_2排出量がどのような経路をとるかについて共通の認識をもっておく必要がある。IPCCは別途、CO_2排出シナリオについて合意しており、これに従ってシミュレー

ション計算が行われる。たとえばA1と呼ばれる一群のシナリオでは、世界は高い経済成長を続け、高効率の技術は速やかに導入され、世界の人口は21世紀半ばに頭打ちになる。一方で、A2シナリオでは現状のような南北格差が固定され、発展途上国の人口は増え続ける想定になっている。気温上昇の小さいB1シナリオは、21世紀半ば以降、人口は減少に向かい、加えて世界はサービス産業や情報産業へと変換することを想定している。しかし、いずれにしろ21世紀末には2℃程度の上昇は避けられず、その後も気温上昇は不可避であるというのが第4次報告の中心的なメッセージである。

表10は、究極的なCO_2濃度安定化の水準と、予想される平均気温上昇と、CO_2排出量のピークアウトの時期について、その関係をまとめたものである。条約の究極目的である、温室効果ガスの濃度安定化は、世界的レベルでCO_2削減がうまくいった場合ですら、最終的にCO_2が安定化するのは、600ppm（他のガスのCO_2換算で800ppm）程度であり、平均気温は4℃以上上がってしまうことが結論づけられている。しかもそのためには、21世紀半ばあたりに、CO_2総排出量のピークアウト期をもってこなくてはならない。

このことは、全世界でCO_2排出削減の努力を強化しなくてはならないこと、それでも地球温暖化は不可避であること、緩和策（CO_2削減策）だけではなく、広範な適応策を採用する必要があることを意味している。

ホッケースティック論争

IPCCの発足当初は、ほとんど注目されず、温暖化に関する科学情報の単なる集約組織のように受け取られていた。しかしその後、政治的存在感が増してくるにつれて、産油国や石油産業がパネル総会で抵

表10 長期的対応とCO₂濃度安定化の考え方

(IPCC第4次報告WG3)

カテゴリー	安定化CO$_2$濃度(ppm)	全ガスCO$_2$換算(ppm)	安定時の産業革命前比の平均上昇(℃)	CO$_2$排出のピーク年	2050年での2000年比総排出量(%)
I	350〜400	445〜490	2.0〜2.4	2000〜2015	-85〜-50
II	400〜440	490〜535	2.4〜2.8	2000〜2020	-60〜-30
III	440〜485	535〜590	2.8〜3.2	2010〜2030	-35〜+5
IV	485〜570	590〜710	3.2〜4.0	2020〜2060	+10〜+60
V	570〜660	710〜855	4.0〜4.9	2050〜2080	+25〜+85
VI	660〜790	855〜1,130	4.9〜6.1	2060〜2090	+90〜+140

温暖化条約の究極目標は、温室効果ガスの濃度安定化であり、第4次報告でもこの問題が扱われている。表10の左から2列目はCO_2のみに着目した場合、次の3列目はメタンやフロンガスなど、CO_2以外の温室効果ガスをCO_2に換算して、これに加算した場合のCO_2換算濃度である。この表を見ると、CO_2削減が非常にうまくいった場合であっても、最終的にCO_2が安定化するのは600ppm程度となり、他のガスをあわせるとCO_2濃度換算800ppm程度となってしまう。そのとき平均気温は4℃以上、上がってしまう。このような事態を念頭において、21世紀後半にはCO_2総排出量を頭打ちにしなくてはならない。

抗する類の、わかりやすい抵抗とは次元を異にした、政治的謀略に近いスキャンダルに見舞われるようになった。それは一面で、IPCCが広義のパワーゲームの中で、無視できない要素になったことの証でもある。そして温暖化交渉における緊張が頂点近くに達したCOP17直前の09年11月に起こったのが、「クライメイト・ゲイト事件」である。ただし、これに先行して主としてアメリカ社会で注目を集めた「ホッケースティック論争」の方が、科学的な論争としては純粋なものであった。

人類が気温の観測を始めたのは、せいぜい19世紀中葉の150年ほ

ど前からである。それ以前の気温や気象一般に関しては、気温が反映していると考えられる自然界の別の記録で代用（proxy）するしかない。よく知られているのは、氷河のコア・サンプルである。南極やグリーンランドの氷河を垂直に掘って連続した氷のサンプルを取り出し、それぞれの層の水分子を構成する酸素の安定同位体の比率を測ることである。普通の酸素原子はO_{16}だが、自然界にはごくわずか、中性子が2個多い安定同位体O_{18}が含まれており、この割合を精密に測定し、その変化をみることで、数千年〜数十万年前の気温が推定できる。O_{18}を含む水分子はわずかに重いから、気温が高くなるほど蒸発する確率が高くなり、これが雪となって南極に降り積もって氷床や氷河となる。つまり、O_{18}の比率が高いほど、その時代は気温が高かったことになる。

しかしこの方法では、どう氷を薄く切っても1サンプルが数百年ぶんの塊となるため、いまから数百年〜1000年前の気温はわからない。この欠落部分を埋める可能性があるものとして、木の年輪の幅を測る方法が試みられてきた。高温の年ほど木が生長して年輪の幅が厚くなることを利用するのだが、気温変化の指標として、その精度はあまり良くないと言われる。そんな中、98年4月23日号『Nature』に、M.E.マンらは、西暦1400年以降の北半球の気温の変化を、年輪研究の結果を総合して論文として発表した。そして、「北半球の平均気温は、最近8年のうちの3年ぶんは、過去600年の中でもっとも高温である」とし、20世紀の温暖化はCO_2の増加が主因であると結論づけたのである。翌99年にマンらは、この手法を1000年前にまで拡張し、測定値から考えられる誤差範囲と、その中央値の50年平均移動線を図示した論文を専門誌に発表した。

おりしもIPCCは第3次報告（01年）の作成にとりかかっていた。IPCC第I作業部会は、過去1000年について代用温度指標に関する

最新の研究をまとめる項、「2.3.2.2項　最近の気温変動の多様な代用指標の統合」を設け、すでに専門誌に発表されていた、代用温度指標を統合した図に、19世紀以来の実測値を重ねたものを作成して掲載した（図11：口絵参照）。

　この象徴的なグラフは、作業部会報告の本文だけではなく「政策立案者向け概要」にも、「統合報告」にも採用され、とくに後者は「北半球における20世紀の地表気温の上昇は、過去1000年のうちで最高である可能性がある」と付記した。第I作業部会の共同議長であるホートン卿が、このグラフが入ったポスターを前にして説明を行ったこともあり、メディアは、この図がIPCC第3次報告の中心的メッセージである、と受け取った。とりわけ英米のメディアは、グラフの形から「ホッケースティック」と表現して、大々的に報道した。

　ちょうどそのころ温暖化交渉のテーブルでは、京都議定書の運用細則であるマラケシュ合意の、詰めの話しあいが行われていた。米連邦議会上院は、外交的な取り決めに関して承認権をもっており、上院議員の中でも温暖化論反対の急先鋒が、M.インホフ上院議員である。インホフ議員は、総合的な温暖化対策を定めるマッケイン＝リーバーマン法案の上院審議において、2時間の"妨害演説"を行い、その中でこう言ったことで有名になった。「まったくのヒステリー、たんなる恐怖感、まったくいんちきサイエンスによって、人間が起こした地球温暖化という大嘘が、アメリカの人間におしつけられてきたのではないか？　私にはそう思える。」インホフ議員は、03年6月23日に公聴会を開き、学界では少数派である温暖化懐疑論の研究者を招いた。彼らは「人間活動による温暖化の明確な証拠はない」と証言した。マンも呼ばれ、彼は、同じ場で証言した温暖化懐疑派の論文には、科学的な価値はほとんどないと批判した。

　そんな折、すこし格下の専門誌である『*Energy & Environment*』

の03年10月号に、S.マッキンタイアとR.マッキリチックによる、マンの研究結果を批判する論文が発表された。彼らは、マンが使用したデータを検証して、データ処理に誤りがあったことを指摘し、過去はマンの結果が示すような一様ではなく、かつて指摘されたように「温暖な中世期」があったのであり、実際に15世紀は高温であったことを指摘した。マッキンタイアは、数学科を卒業して地質調査で生計を得ている、カナダ在住の在野の研究者だが、京都議定書の議論に疑問をもち、独力で研究した末、温暖化懐疑派の理論的支柱の一人に躍り出た人物である。この後、マッキンタイアとのやり取りのなかで、マンはデータ処理に誤りがあったことを認めたが、それを認めたとしても自らの結論には影響はないとして、自らの主張を堅持した。その後、両陣営ともインターネット・サイトを開いて、双方の立場から、「科学的事実」を主張しあっている。

　この論争は、米連邦議会でも取り上げるところとなった。下院エネルギー商務委員会議長J.バートンは、監査小委員会議長E.ウィットフィールドとの連名で、マンら3人の科学者に対して、研究資金に関する疑惑記事を理由に、論文作成に使用したデータや方法に関する資料だけではなく、個人の経歴や獲得資金などの情報までを議会に提出するよう、05年6月23日付の手紙を送付した。これは、日本の国会の国政調査権に相当する手続き（congressional investigation）で、自然科学者に対する措置としては異例に強権的な手法である。この動きに対しては、他の議員だけではなく、アメリカ科学界がこぞって「政治的に合わない内容を含む研究を行っている科学者への脅迫だ」と猛反発した。最終的には連邦議会の側が折れ、全米科学アカデミーに調査を依頼することで事態の収拾が図られた。これを受けて全米科学アカデミーは、12人からなる「過去2000年間の地表気温・再構成委員会」を設置し、委員会は翌06年に報告書をまとめた。その中で、統計学

的な処理に誤りはあったが、それは小さなものであったこと、科学的結論としては中世に高温の時期があり、続いて1700年前後に小氷期があったのは事実であり、同時に、20世紀末の20年間の平均気温はこれら比較可能な過去の記録のうちでは最も高かった可能性がある、というものであった。この時点での科学界の大勢意見を再確認したのに近い。

それでも、マンらの論文に対しては、別の連邦議員が、統計学者のE.ウエグマンを指名し、評価を依頼している。

以上がホッケースティック論争のあらすじである。この論争はいまも続いている。温暖化懐疑派から大掛かりな批判を受けることになったIPCCは、第4次報告（07年）では科学的観点から、より厳密な表現をとるようになった。第I作業部会報告のSPMは、こういう表現になっている。「20世紀の後半世紀の北半球の平均気温は、過去500年間における他のどの50年平均値より高いことは非常に確からしく、少なくとも1300年の間で最も高かった可能性がある。最近の研究によると、北半球の気温の変異は、とくに12〜14世紀、17世紀、19世紀の3寒冷期については、第3次報告で示唆したより、大きかったことが示されている。20世紀以前の温暖期については、第3次報告で示された不確実性の内側に入っている。」

表現法として考えてみると、手法も精度も異なるデータからなるグラフを一つの図に重ねるのは、専門家の間での議論のための素材としては有効だとしも、政治家や一般人を読み手とするIPCC報告においては、詳しい注釈をつけたとしてもなお、読む側に誤解を与える危険はある。温暖化懐疑派は、これを主流派の作為と見なし、攻撃材料とした。ただし、連邦議会やアメリカ科学界を巻き込んだとは言え、これはあくまでも科学的方法とその解釈に関する論争であり、IPCCに対する政治的謀略とは、程遠いものであった。

クライメイト・ゲイト事件

　温暖化問題での「コペンハーゲン・サミット」の開催が間近に迫った、09年11月19日、イギリスのイースト・アングリア大学に付置されている気候研究ユニット（Climate Research Unit：CRU）のサーバーから、研究者のEメール約1,000通と、それに添付されていた文書約3,000件が、ハッカーによって不法に入手され、インターネット上に公開されてしまった。「クライメイト・ゲイト事件」の始まりである。イースト・アングリア大学は63年に開学した新しい大学だが、72年に、地球温暖化を研究する施設としてCRUを設置した。現在、ポストドクターを合わせてスタッフは16名、うち常勤の研究職ポストは3.5人ぶんの、小世帯の研究組織である。だがCRUは、その先駆的な課題設定が花開き、温暖化研究における世界の重要拠点の一つになっている。事実、ホッケースティック論争の核心である、年輪の幅によって過去の気温を再構成するという研究を最初に手がけたのは、CRUのフィリップ・ジョンズであり、事件が起こった時はCRU所長であった。イースト・アングリア大学側はただちに、これらのメールが本物であること、大学のサーバーには簡単にアクセスはできないものであり、高度なハッキング技術で不法にコピーされたものであることを認める声明を発表した。

　Eメールは非常に機能的な通信手段だが、とくに研究者の間でのメールのやりとりでは、同じ専門分野の間だけに通じるジャーゴン（隠語）が駆使され、新しいアイデア、研究内容のあけすけな評価、他の研究グループのゴシップや酷評が飛び交っている。この事件に対する評価の分かれ目は、科学者どうしの内輪の会話を、伝統的な科学者の行為規範からどの程度の逸脱と見なすかに多くがかかっている。例え

ば、在野の研究者・マッキンタイヤは、CRUに対して論文に使用した原データを明らかにするよう要請してきたのだが、CRUの側はなんだかんだといって応じなかった。これに関するCRU内部のやり取りには、当然、乱暴な表現もでてくる。これらは、科学者としての公正さや、イギリス情報公開法の解釈など、倫理問題にもなる。

　温暖化懐疑派は、これら世界第一級の研究者の私信の山から、刺激的にみえる発言を、使われた文脈をいっさい無視して、スキャンダルの物語を仕立てあげた。温暖化研究の主流派が、観測データを温暖化傾向に合うよう削除したり、あるいは温暖化に沿う論文の審査は優先する一方で、温暖化への疑問につながる論文の専門誌への掲載を妨害したりすることが、日常的にあったと言い立てた。とくに、ジョンズの99年11月16日付メールにある表現、「いま、マイクの自然データのトリックを終えたところだ」というフレーズは、執拗に引用された。古気象研究の第一人者でもあるジョンズ所長は、第3次IPCC報告（01年）では第Ⅰ作業部会報告・第12章の共同執筆者であり、また、第4次報告（07年）では第Ⅰ作業部会報告・第3章のコーディネイティング・リードオーサーであったから、メールの中にはIPCCの表現を歪曲したとも受け取ることもできる表現もないではない。懐疑派は、これをIPCC報告の信頼性を失墜させる好機と考え、世界の気象研究エリートはIPCCを牛耳り、互いに示し合わせて科学情報を操作し、温暖化の脅威を過大に描いている、と一大キャンペーンを始めた。メールアドレスが明らかになった温暖化研究者には、脅迫メールが殺到した。

　この事件はIPCCの権威失墜をねらった謀略だとする見方がリアリティーをもってくるのは、メールの大量暴露に追い討ちをかけるように、コペンハーゲン会議の最中に、2年前発表されたIPCC第4次報告の内容について突然、その欠陥がクローズアップされ出したから

でもある。第4次報告の第Ⅱ作用部会報告・第10章6.2項は、このような表現になっていた。「ヒマラヤの氷河は、世界の他のどの部分よりも急速に後退している。もし現在の割合が続くのであれば、2035年までに消滅する可能性があり、かりに現在の地球温暖化の速度が続くのであれば、それより早く消えてしまう可能性は非常に高い。その全領域は現在の50万 km^2 から、2035年までには10 km^2 にまで縮退してしまう可能性がある。(WWF：2005)」。後述するように、ヒマラヤ地域の氷河については大規模的な研究が動き出したところであり(「第三の極」論を参照)、氷河の縮小が観察されているとは言え、こんな断定をしている学術論文は、むろん一つもない。IPCC本文にも明記されているように、この表現は05年のWWF（世界野生生物基金）のレポートにある。だが調べてみると、それは一般雑誌『New Scientist』からの引用で、さらにそれは、インドの環境雑誌『Down to Earth』99年4月30日号が発信源であることが判明した。これは、IPCCの執筆指針の明確な違反である。だが、不思議なことに完成までのレビュー・プロセスにおいて、この誤りは検知されなかった。その後さらに、第Ⅱ作業部会報告の中の温暖化の影響に関する表記で、いくつか誤りが見つかった。

イースト・アングリア大学は、M.ラッセル卿を議長とする独立委員会を置き、CRUの研究者が、科学者としての適切な行動や法律面で問題はなかったか、調査を依頼した。独立委員会は10年6月に報告書をまとめ、研究活動の面で不適切な行為はなかったが、外部への情報公開では改善すべき点があった、と結論づけた。懐疑派が頻繁に引用した「マイクの自然データのトリック」という表現は、異なったデータ・セットを統合する際に行う統計学的な補正のことであり、「トリック」は専門家仲間の間でのジャーゴンであった。

この問題で、英下院・科学技術委員会はヒアリングを実施し、委員

長のオックスブルク卿が議長になって、主に情報公開法と科学者の行為規範の観点から調査した。しかし、その報告書（10年4月発表）の結論も同じような内容であった。警察も、情報公開法違反の疑いで捜査を行ったが、嫌疑不十分となった。

　だがことは、国連傘下のIPCC報告の内容に直接関ってくるものであり、温暖化交渉の基本的認識に連動する可能性すらあるため、波紋は大きくなった。内外のさまざまな機関が、IPCCの機能と権威に基本的な問題はないとする声明を発表したが、最終的には国連が動くことになった。2010年3月10日、国連事務総局はIPCCとの連名で、インターアカデミー・カウンシル（InterAcademy Council：IAC）に書簡を送り、IPCCがアセスメント報告の作成で採用しているプロセスと手順について、検証する独立評価委員会を立ち上げるよう要請した。要請はただちに応じられ、この異例の委員会は10年8月30日に、『気候変動アセスメント　IPCCのプロセスと手順についての評価』を発表した。インターアカデミー・カウンシルとは、2000年にオランダ王立アカデミーの主導で設立された、主要国のアカデミーを横につなぐ国際組織で、21世紀の科学技術に関して総合的な報告をいくつか作成してきている。その委員会報告は、IPCCの作業が、研究内容のレビューの面でも、また各国政府代表との調整という面でも、仕事量が膨大なものになっていることを指摘し、報告書の品質維持のためには、レビュー・プロセスの管理を強化する必要があり、IPCC事務局の地位と管理能力をあげること、関係者とのコミュニケーションを機能的に行い、プロセスの透明性をあげるよう勧告した。

　以上がクライメイト・ゲイト事件の概容である。科学的アセスメント組織として23年前に出発したIPCCが、国際政治や各国政治にとっての重要なアクターに育ち、政治攻撃の対象にまでなったことが再確認される一件である。

IPCCの科学論

　自然科学の研究成果の編纂作業が、ここまで深く、かつ日常的に国際政治のプロセスに組み込まれてくると、当然、自然科学そのものも変質を受ける。眼前に展開するIPCCの機能を分析するにしても、それを行う側が、科学をどのようなものと考え、どのような角度からこの問題に切り込むかによって、その結論は自ずと異なってくる。

　古典的な科学観からすると、IPCC報告の作成プロセスがマニュアルに従って、査読つき論文の内容を公正にレビューするとは言っても、多数の執筆者を指名して階位構造を作り、その上でコンセンサス形成をすることには、相当な無理がある。「系統的懐疑こそが科学的真理を鋳鍛する」という伝統にたてば、これは科学の基本の逸脱であり、科学的コンセンサス（scientific consensus）は方法論の面で「語義矛盾」となる。この観点に立つ研究者が、先ほども触れた、S.ベヘマー＝クリスチャンセンである（S.Boehmer-Christiansen & A.Kellow：*International Environmental Policy*、Edward Elgar,2002）。彼らはこの立場から、IPCC報告の執筆者の人選は、加盟国政府が提出する推薦名簿の中からビューローが選ぶのであり、名簿そのものが温暖化研究に強く関与する者である以上、温暖化の警告主義（climate alarmnism）を組織化することを意味し、またSPMは、IPCCのパネル総会で各行ごとに審議された後に各国代表の承認をうける受ける以上、その手続きからして、どう見ても政治的文書だ、と言うのである。

　一方、いわゆる温暖化否定派（deniers）は、これとは別の絶大な勢力をもつグループである。その主張内容はさまざまだが、主として、20世紀全体の温暖化（1940年～1950年の気温下降の説明も求めている）が観測事実だとしても、その主要因が化石燃料の大量消費であるとす

ることを疑問視する立場である。彼らはしばしば、石油メジャー、エネルギー多消費型産業、あるいは産油国の代理人と、ロビー活動などで協力体制を組んでいる。

にもかかわらず、IPCC報告の総体は、その方法論からして科学的事実、もっと正確に言えば、現時点での統合的な科学的認識なのであり、われわれはその結論を受け容れる以外に道はない。IPCCは、その組織の宿命として、今後も間歇的に激しい批判にさらされるだろう。IPCCは、それに甘んじて耐えて、より頑強で権威ある機関へと脱皮していかなくてはならない。

IPCCを論じる際の一つの有用な視点は、ジェロム・ラベッツの「ポスト・ノーマル・サイエンス」論であろう。ラベッツは、長くイギリスのリーズ大学で批判的科学論(代表的著作は『批判的科学』秀潤社、1971)を展開してきた科学社会学者だが、大学退職後、リスクの規制や環境科学について論じてきている。彼は、現代社会において、たとえば狂牛病や遺伝子組み換え食品問題など、社会的な懸案事項に対して、政策的助言を行うことで影響力を持ち始めた科学の活動領域を「ポスト・ノーマル・サイエンス postnormal science」と命名した。科学史家のトマス・クーンは、名著『科学革命の構造』(1962年)において、「科学者が行っている研究の大半は、パラダイムという概念体系の下での謎解き行動である」と喝破した。科学に対するこの見方は、知的衝撃をもたらし、以後、パラダイム概念はたいへん有名になった。クーンは、教科書に示された原理をあてはめて個別の課題に解答を与える、日々の研究を「通常科学 normal science」と名づけた。ラベッツはこれを踏まえた上で、現代社会においては、科学的言明＝客観的真理というノーマル・サイエンスの概念が有効な領域はきわめて限られており、現実の科学の姿は、コア・サイエンス→応用科学→専門的コンサルタント→ポスト・ノーマル・サイエンスという形に階層化され、こ

の順序で、科学が対象とする課題の不確実性は増し、それによる判断の社会的・経済的影響は大きくなる関係にある、という形に整理してみせた。これを図式化したのが図12である。

　ポスト・ノーマル・サイエンスでは、早急に結論を出すことが求められる。そこでは、価値自由だとしてきた伝統的な科学観にとっては対極にある、「価値観」が重要な決定因子となる。そして、研究者集団は資金の出し手である国や企業などの意向に沿って結論をまとめる、科学的権威の供給機関になっており、この状況を変えるためには、論文の質を管理する名目で科学の特権的地位を維持する手段になっている、ピアレビューに代って、能力をもった第三者が加わる「拡大されたピアレビュー」を採用し、これによって科学の民主化を図るべきだ、とラベッツは主張する。

　ポスト・ノーマル・サイエンス論は、自然科学の活動領域の少なくない部分が、何らかの意味で社会的なアジェンダ形成に連結しており、この回路を介して大きな影響力をもち始めた実態を指摘した点で、重要な視点を提供するものである。他方で、ラベッツの思想は、イギリス型のエリート支配に対する激しい批判の上に立っており、また、民主主義という言葉を理想主義的に用い過ぎる面があるため、反発も少なくない。また、ここまで重要な機能を担うようになった科学的アセスメントに対して、ポスト・ノーマル・サイエンス論はその客観性をきわめて限定的にしか認めず、ただでさえ凋落してしまった科学の権威をさらにはぎとることへの、政治的な戸惑いもある。にもかかわらず、現代における科学の社会的・政治的機能に、批判的な理論化が試みられ、予想外の方向から光があてられて、科学の社会的機能についての議論が深まって行く現実は、イギリスのアカデミズムの健全さの証でもある。

　ただし本書の議論に焦点を絞ると、ポスト・ノーマル・サイエンス

図12　ポストノーマル・サイエンスの位置づけ

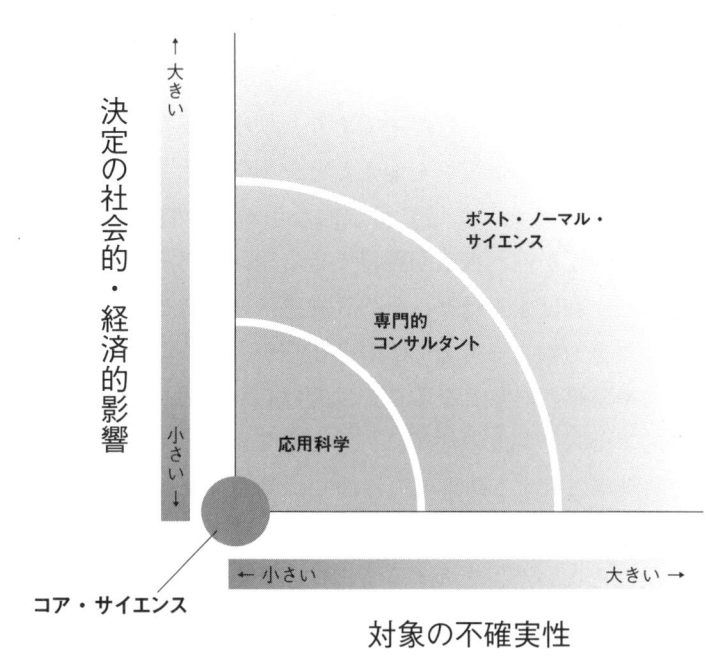

決定の社会的・経済的影響　↑大きい　↓小さい

ポスト・ノーマル・サイエンス

専門的コンサルタント

応用科学

コア・サイエンス

← 小さい　　大きい →

対象の不確実性

出典：「Funtowicz and Ravetz, *Futures*, 1992, 1993」を改作

　T．クーンは、名著『科学革命の構造』（'62）の中で、科学研究の大半はパラダイムの内側で謎解きをしているだけと喝破し、これをノーマル・サイエンスと名づけた。ラベッツは、これを踏まえた上で、現代社会においては、科学的言明＝客観的真理というノーマル・サイエンスの概念が有効な領域はきわめて限られ、現実の科学の姿は、コア・サイエンス→応用科学→専門的コンサルタント→ポスト・ノーマル・サイエンスという形に階層化することが可能であり、この順序で、科学が対象とする課題の不確実性は増え、それによってなされる判断の社会的・経済的影響は大きくなる関係にある、と整理してみせた。ポスト・ノーマル・サイエンスでは、早急に結論を出すことが求められ、そこでは、科学の価値自由という伝統的な科学観からは対極にある、「価値観」が重要な決定因子となる。そして、研究者集団は資金の出し手である国や企業などの意向に沿って結論をまとめる、科学的権威の供給機関として機能する結果になっている。ラベッツは、この状況を変えるには、科学に特権的な地位を与える結果になっている、ピアレビューに代って、能力をもった第三者が加わる「拡大されたピアレビュー」を採用し、科学の民主化を図るべきだと主張する。

が前提とする科学の外部とは、先進社会のことを指している。そこでは機能的な統治権力が存在し、その前提の下でのアジェンダ形成や政策立案における自然科学と政治との関係である。これに対してIPCCが位置しているのは、最終統治者が不在で、荒荒しい政治勢力がせめぎ会う国際政治という空間のただ中であり、秩序を維持する力は極端に小さく複雑である。だが視点を変えると、国際政治という空間は魑魅魍魎の世界であるゆえに、逆に科学的な手続きを貫徹することによってのみ、その正当性と権威が獲得できる側面がある。この原則に立つことを徹底すればするほど、その存在感は増すことになる。

　逆にこうした努力によってIPCCの存在感が大きくなれば、それだけ政治的圧力や陰謀の対象となることは避けられない。これまで、温暖化の科学的アセスメントの作業に、手弁当で貢献してきた科学者たちは、政治的謀略に対する防御という面では脇が甘すぎた。IPCCは、科学的アセスメントを担う唯一の公的組織としてその強靭さを備えていかなくてはならないが、そのようなIPCCを支えるのは、社会の側の理解と共感である。

Manufactured controversy

　地球温暖化問題はまた、地球次元の科学と政治の問題でもある。そしてこのことは、個々の社会が科学情報をどの程度重んじ、あるいは受け流し、ときには政治的に利用するのかという問題、つまり個々の社会における、科学情報に対する「政治的感度」をも考慮しなくてはならない。「科学情報の受容に関する地理学」ともいうべき観点である。たとえばアメリカの場合、独得の統治構造と社会思想からなる政治風土ゆえの、科学情報の政治的利用の特種な型が存在する。それが「マニュファクチャード・コントラバーシー manufactured controversy」

と呼ばれるもので、「政治的に仕掛けられた、科学的意匠をこらした異論の社会的展開」とでも意訳できるものである。戦略的に組まれた、擬態された論争のことを指している。

　L. セッカレリ（Ceccarelli）によると、その定義はこうなる。科学者集団の内部では論争はないのだが、特殊な利益集団が、既知の科学的な不確実性を根拠にあげて、「科学的に論争がある」と社会に向かって主張し、一般の認識を意図的に混乱させたりすること、である。その目的は、社会的な議論を停滞させたり、変質させたりすることにある。典型的な例が、タバコの健康被害に関する議論である。かつてアメリカの大手タバコ企業は、タバコと発ガンの関係を指摘する医学論文が発表されると、これに疑問をもつ方向の研究に多額の資金をつけたり、大きなシンポジウムを行ってきた。広告会社がキャンペーンを提案して、このような状態を作り出すことを請け負う場合もある。

　アメリカでこのような事態が生じやすい一因に、この国の成り立ちがある。そもそも「自由の国アメリカ」の自由とは、信教の自由を意味した。宗教移民によって建国されたこの国では、個人にとって信仰が第一である。逆にそのような社会では、多様な価値観が対等に存在することが大前提であり、絶対的権威は慎重に排除され、すべては議会での議論によって決着が図られる。是非善悪はともかく、個人の考えを自由に発表することは絶対に保証されなければならならず、「スピーチの自由」が最重要視される。これは、民主主義社会にとっては不可避のコストだと考えられている。そのような場では、科学は大勢を説得するための有力な道具であり、科学の利用のし方を含めて、公開の場で決着がつけられる。マニュファクチャード・コントラバーシーが、アメリカ的な形で展開される例としては、州議会における進化論教育や「インテリジェント・デザイン」（生命は理性的な存在がデザインしたものと主張する立場）の議論がある。この視点からすると、

ホッケースティック論争は、マニュファクチャード・コントラバーシーの具体例であったと見てよいのである。

このような政治風土の中での科学者の役割は、温暖化に関する不確実性の内容をより明確にし、科学的アセスメントを最新最良のものにするよう努力し、社会が合理的な選択ができるような条件を提示する立場であることになる。

第4章 排出権取引（EU-ETS）とEU拡大

EUが、京都議定書を国際政治上の道具として活用するのは、他の加盟国と同様、当然の行動である。だがなかでも、EUの戦略がとくに明確に現われているのが、排出権取引（以後、EU-ETSと表記）が展開させている光景である。もともとEUは、京都議定書の交渉過程では一貫して、排出権取引には最も強烈な反対者であった。京都議定書の構成を見ても、三つの柔軟性措置（共同実施、クリーン開発メカニズム、排出権取引）のうち、排出権取引は、末尾に近い第17条に、①排出権取引についての細目は今後定める、②排出権取引は国内政策に対して補足的なものにとどめる、とあるだけである。付け足りの感があるこの第17条は、ゴア副大統領を京都にまで送り込んできだアメリカの立場を慮り、アメリカを京都議定書の枠組みにとどめおくための、妥協の産物であった。EUは、CO_2削減のためには、政策による規制（policies & measures）は不可欠だとする、定番の主張を繰り返した。当時、先行モデルとして引用された、「90年改正大気規制法」第Ⅳ章を根拠に走り出していた「SO_2排出権取引」は、削減の政策効果は薄いというのがEUの見解であった。この排出権取引は、アメリカ国内の電力会社にSO_2排出の総量規制をかけたものだが、実際の取引は、自社プラント間での帳簿上のものが中心で、SO_2排出の減少は天然ガスへの燃料転換が主な要因、という分析結果がでていた。

　ところが、京都議定書妥結から4年も経たない01年10月、EU委員会は、排出権取引導入についての正式提案を行い、2年後の03年10月にはEU-ETS指令（Directive 2003/87/EC）が公示され、05年1月1日から排出権取引の試行が始まったのである。手のひらを返したようなEUの政策転換は、どのような事情によるのか。これについては、さまざまな分析がなされている。その要因としては、EU事務局と主要加盟国の間での政策立案の主導権争い、という常識的な見解に加え、とくに指摘されるのが、EU共通の炭素税導入の失敗

と、少し意外だが、アメリカの京都議定書からの脱退決定であった（J.Wettestad：*Global Enviornmental Politics*,Vol.5,1,2005、J.Skjaerseth & J.Wettestad：*Global Enviornmental Politics*, Vol.8,101,2009、ほか）。

　92年にEC（EU）委員会は、共通の炭素税の導入を正式提案した。この共通税を軸に、エネルギーの消費構造を改め、同時に温暖化対策の基盤とするのが、EUの当初の基本方針であった。これに対しては産業界は国際競争力を理由に反対したが、もう一つ政治哲学的な根強い抵抗を最後まで退けることができなかった。共通環境税の導入は、主権国家の基本である財政の自律原則（財政主権）を危うくする、というイデオロギー的な反対である。これはEUの制度設計上の基本思想でもあり、共通の環境税案は、全会一致が必要な条項（EU条約第175条2）に該当し、最終的に97年に頓挫してしまった。そのためEUは温暖化対策の根本的な建て直しが必要となった。こうして98年以降、京都議定書の対応策が議論される中で、排出権取引も検討の対象に入ってきた。EU条約のなかで、環境政策は、投票による共同決定（Co-Dicision）の対象（第175条1）であり、共通税のにように加盟国のコンセンサスを必要とする事項ではなかった。そこでEU事務局は、温暖化担当のスタッフを、市場取引に詳しい専門家に入れ替え、2000年3月に、EU-ETSに関する本格的な意見書「グリーンペーパー」をまとめたのである。この文書によって初めて、それまで白紙状態に近かった排出権取引に関して、京都議定書への対策上の必要性・経済的な利点・政策的な課題について、論点が明確にされたのである。この「グリーンペーパー」に関しては、排出権取引を国内政策として準備していたイギリス、デンマークに加え、オランダ、スウェーデン、アイルランドが支持に回ったが、他の国々は、このようなEU事務局主導の環境政策の提案そのものに冷淡であった。しかし01年10月に、EU委員会は最終提案を行い、03年7月には閣僚委員会で採択され、

この年の秋には効力をもつことになった。

　京都議定書に付記された排出権取引という、内容不確定の新制度についての論議が、突如、EU 圏で活発になった一因は、01 年 3 月にブッシュ新政権が京都議定書からの離脱を宣言をしたことが大きかった。最大の CO_2 排出国アメリカが離脱することで、京都議定書の成立は危うくなったとの観測が流れ、密かにこれを望む向きもあった。ところが逆に、「京都議定書を救え」という声が大きくなり、EU が温暖化交渉を主導していくことの意義が強調されるようになった。そして、排出権取引の採用こそが、京都議定書を救うことであり、EU が－8％の義務を守るためにも不可欠であるとする意見が急速に広まった。こうして 2 年に満たない間に、EU 事務局と加盟国政府の間で、EU-ETS の骨格が精力的に組み上げられていった。アメリカの離脱で空文化した京都議定書第 17 条は換骨奪胎され、排出権という新しい財と、その欧州共通市場の創設にとっての、国際法上の根拠へと変貌したのである。

　03 年 10 月 13 日に発効した EU-ETS 指令では、次のようなことが決められている。05 年 1 月 1 日から 3 年間を試行期間のフェーズ I とし、その後、08 年～12 年をフェーズ II の取引期間とする。これは京都議定書の第 I 約束期間と一致する。EU 委員会は、各国に対して CO_2 排出配分枠を決定し、各国はこの配分枠を前提に、国別配分計画（National Allocation Plans：NAP）を策定し、これに従って CO_2 排出施設に対して排出許可証（EU emission allowance：EUA）を配分する。EUA の配分は EU 委員会が一元的に行うのではなく、各国政府が自国内の該当施設に EUA を配分し、EUA の売買は企業が直接、市場を介して行うという、現在の形態が確定した。京都議定書の段階では、ロシアなどが CO_2 排出枠余剰を売るという漠然としたイメージしかなく、いったい誰が、誰と、どういう形で、売買をするのか、国際的

な合意はいっさいなかったのである。

　京都議定書の署名時は、EU は 15 カ国であったが、その後、EU の東方拡大で、試行期間直前の 04 年に、中欧・東欧・地中海 10 カ国（エストニア、キプロス、スロヴァキア、スロヴェニア、チェコ、ハンガリー、ポーランド、マルタ、ラトヴィア、リトアニア）が EU に加盟し、07 年には、ルーマニアとブルガリアが加盟して、本格運用のフェーズⅡでは、27 カ国（欧州経済協定により、ノルウェー、アイスランド、リヒテンシュタインも参加し 30 カ国）に広がる国際市場となった。また 04 年には、「リンキング指令」によって、JI と CDM の EU-ETS への連関と位置づけが、法的に明確にされた。こうして、短期間のうちに世界最大で唯一の CO_2 排出権取引市場が出現したのである。EU-ETS はすでに稼動から 6 年以上が経っており、この制度の意味を改めて論じてよい時点にきている。

　EU-ETS を考える場合、第一に基本におくべきは、少し変り種ではあるが、これは 80 年代以来の EU の環境政策の延長線上にある政策である、という視点である。EU-ETS の対象施設は、20 メガワット以上の固定燃焼装置（火力発電所・ボイラー）、精錬所、製鉄所、石油精製施設、化学工場、セメント工場など約 11,500 施設である。これらの施設の指定のし方は、EU 環境政策の連続性要請に立って、EU 大型燃焼装置指令（LCP 指令：88 年制定、01 年に改定）の対象施設を拡大したものである。01 年の大型燃焼装置指令（Directive 2001/80/EC）は、50 メガワット以上の固定燃焼施設から排出される SO_2 と NOx について、細かい排出基準を設けると同時に、これらの大気汚染物質について国別シーリングを設定したものである。結局、EU-ETS は、大気汚染物質規制である LCP 指令の対象施設を拡大し、その「上空」に、CO_2 の排出権取引市場を創設したもの、と言ってよい。これは、EU 全体の CO_2 排出の 45％をカバーするが、逆にこれ以外の、

運輸や家庭部門の CO_2 排出は、制度的に EU-ETS の対象にはなりにくい。これらの領域の温暖化対策は、環境税などの政策で対応することになる。

　第二に、EU-ETS は、EU 共通市場の管理と、各国の経済主権という、EU 独特の制度的要請に応じたものとして出発した。EU 事務局がすべての該当施設に EUA を直接配分する手法は、中央集権的だとして却下され、権力分散という名目で、各国が EUA を配分する国家の権限が維持された。実は、この制度の採用によって慢性的に、EUA の過剰配分の可能性に悩まされることになった。各国は、フェーズごとに自国の CO_2 排出量を申請し、それを EU 委員会がガイドラインに照らして審査し、CO_2 排出枠を決定する。しかし、企業は景気好転を考え、余裕をもった排出枠を申請しがちだし、また各国は自国経済を守ろうとして配分枠確保に傾くため、EU 事務局が各国の申請を厳しく査定し削減したとしても、なお過剰配分になる恐れがある。実際、試行期間でこのことが起こった。EU 指令は、3 月 31 日までに前年の評価を行うとしており、これに従い調べると、05 年の実際の CO_2 排出は、総配分より 3.4％少なかったことが判明した。後で企業の実際の運用レベルで計算すると、7％も過剰に配分を受けていた。06 年 5 月にこの結果が公表されると価格は急落し、フェーズ I の EUA は、最終的に紙くず同然の値段となった（図 13）。

　EU が、各国にキャップをかぶせるというこの CO_2 排出枠配分の決定方法に対しては、とくに新しく加盟した国が強い不満をもつことになった。ここには、経済活動そのものである国家の将来のエネルギー消費量を決める権限を、そもそも EU 委員会はもっているのか、という制度上の哲学までがからんでくる。そして実際、フェーズ II の配分枠に不満をもつ新加盟国のほとんどが、さまざまな理由で欧州裁判所に提訴する事態となった（後述）。そのなかで欧州裁判所は、エスト

図13　EU-ETS の価格推移

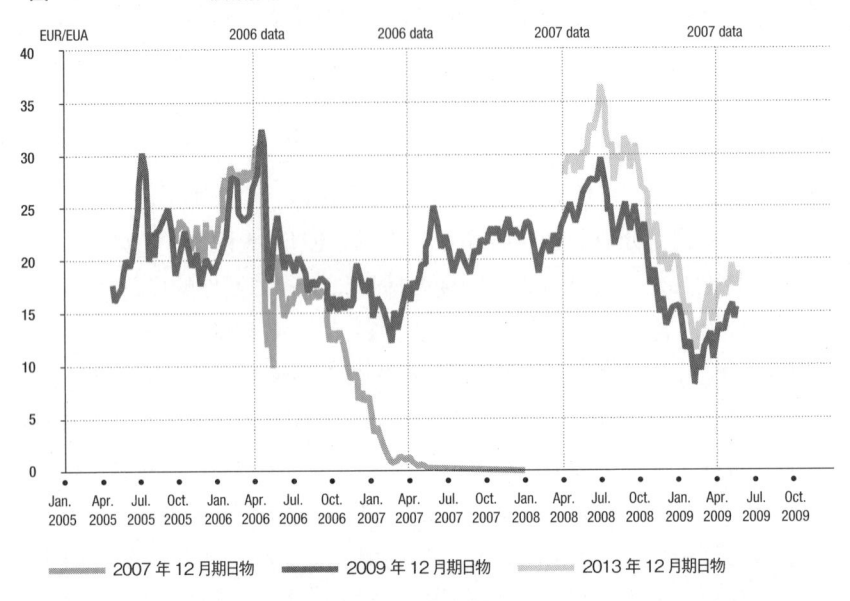

凡例	
▬ 2007年12月期日物	▬ 2009年12月期日物　　▬ 2013年12月期日物

EU-ETS で売買される EUA（EU 排出権取引における基本単位で、各国政府が該当施設ごとに配分）の供給量を調査したところ、05 年ぶんに関しては供給が実需を上回っていたことが明らかになった。06 年 5 月にこれが公表されると EUA の価格は暴落し、最終的に、試行期間の価格はタダ同然になってしまった。08 年のリーマンショック以降、価格が下がり、ほぼ 1 EUA＝16 ユーロにとどまったままにある。この価格は、EU-ETS 導入時に掲げられた、省エネや再生可能エネルギーの技術開発を促すには安すぎる水準にある。

ニアとポーランドの訴えについては、EU の配分枠決定を無効とする判決を下した。ただし提訴した側は、権限の確認までにとどめ、最終的には EU の決定を受け容れる政治的な判断をし、矛をおさめている。

　第三に、なるほど EU-ETS 指令は、冒頭の第 1 条で「費用効果的な方法で温室効果ガスの排出削減を推進する」とうたってはいるが、実際に温暖化対策としての効果があげられるか否かは、今後の配分枠の削減、とくに 13 年以降の絞込みと価格政策にかかっている。EU 加盟国は 05 年に、2020 年までのエネルギー・パッケージ政策に合意

しており、このなかで、2020年までに90年比でCO_2排出20％削減と、再生可能エネルギーの比率を20％に引き上げることを決めている。表11をみると、フェーズⅡの配分枠について、EUは、各国の申請量に対して平均1割削減して配分している。

　だが、京都議定書の第Ⅰ約束期間に相当するこの期間についても、EUAは実需に対して過剰配分になっているのではないかという憶測がぬぐいきれない。

　その理由は、EU-ETSは経済が中期的に安定していることを前提とした制度だからである。08年のリーマンショックや最近のギリシャ債務危機など、大きな経済変動が生じた場合についての調整機能はない。結局、EU-ETSのとりあえずの功績は、とにもかくにもCO_2排出に値段をつけた点にある。そのCO_2排出の値段は、CO_2トン当たり、16ユーロ前後（11年5月現在）で推移している。市場価格が弱含みである理由は、世界的な経済変動に加えて、CO_2排出枠の供給過多が推測されるからである。その要因の一つには、JIとCDMという外部からの排出枠供給が増加傾向にあることがある。09年に3.11億CO_2トンであったCDM由来の排出枠が、12年には16億CO_2トン供給されると予想され、この排出枠は安値で換金される傾向があることである。さらにEU拡大によって中欧・東欧諸国が市場に加わり、EUAの全体の供給関係は緩んでいるという認識がある。

　第四に、まったく別の視点として、欧州社会と日本における、企業と政府との間の距離感を考慮する必要があることである。EUAが過剰配分になりがちなのは、企業が政府に正確なデータを渡さないワンサイド・ゲームであるからである。企業にとって政府は、政策を介して交渉を行う「他者」である。ともかくEU-ETSが始動できたのは、初期配分を無償とし、企業の側に潜在的利益を与えたことが大きな理由である。この結果、電力会社は帳簿上とは言え、売買可能な財を付

表11 EU加盟国のフェーズⅡ（08～12年）のEUA配分

(EC Press Release 07/10/26)

加盟国	05年排出量 （百万CO₂t）	申請排出量 （百万CO₂t）	EU認可量 （百万CO₂t）	EU認可比率 （％）	JI/CDM 認可比率（％）
オーストリア	33.4	32.8	30.7	93.6	10
ベルギー	55.4	63.3	58.5	92.4	8.4
ブルガリア	40.6	67.6	42.3	62.6	12.55
チェコ	82.5	101.9	86.8	85.2	10
キプロス	5.1	7.12	5.48	77	10
デンマーク	26.5	24.5	24.5	100	17.01
エストニア	12.62	24.38	12.72	52.2	0
フィンランド	33.1	39.6	37.6	94.8	10
フランス	131.3	132.8	132.8	100	13.5
ドイツ	474	482	453.1	94	12
ギリシャ	71.3	75.5	69.1	91.5	9
ハンガリー	26.0	30.7	26.9	87.6	10
アイルランド	22.4	22.6	22.3	98.6	10
イタリア	225.5	209	195.8	93.7	14.99
ラトビア	2.9	7.7	3.43	44.5	10
リトアニア	6.6	16.6	8.8	53	20
ルクセンブルク	2.6	3.95	2.5	63	10
マルタ	1.98	2.96	2.1	71	未定
オランダ	80.35	90.4	85.8	94.9	10
ポーランド	203.1	284.6	208.5	73.3	10
ポルトガル	36.4	35.9	34.8	96.9	10
ルーマニア	70.8	95.7	75.9	79.3	10
スロバキア	25.2	41.3	30.9	74.8	7
スロベニア	8.7	8.3	8.3	100	15.76
スペイン	182.6	152.7	152.3	99.7	20
スウェーデン	19.3	25.2	22.8	90.5	10
イギリス	242.4	246.2	246.2	100	8
総計	2,122.16	2,325.34	2,080.93	89.5	

与され、それまで無償であったCO_2排出をコストとして計算することも可能になった。そのため、短期的には温暖化対策と逆行する例も起こったし、また加盟国が特定の企業にEUAを有利に配分した場合、EUの基本である不当な補助金に当たるのではないか、という疑いは残されたままにある。

この点は日本の現状と比べると、政治風土の違いが見えてくる。日本では、業界を通して詳細な企業活動のデータが行政府に提供されるのが普通である。これは企業の側が、政府は擁護者のように振舞ってくれるもの、と考えているからである。この企業と行政府との距離の近さは、むろん弊害もある。しかし他方で、日本の地球温暖化対策が経団連が主導する主要企業の「自主行動計画」に依拠し、一定の成果をあげてきていることの理由でもある。欧米社会が、日本の経団連自主行動計画という政策手法とその実効性をまったく評価せず、「不透明な手法」と非難したのも、政府機能に対する理解のし方の違いに由来している。もっと一般的に言うと、EUは温暖化政策を環境規制政策の拡張と考えているのに対して、日本では産業政策と考えられている面がある。そしてこれは、環境政策のEUへの一元的集約化と、加盟国政府の産業政策との調整という、長期にわたるEU内の政治制度の議論とも重なってくる。

第五に、EU-ETS制度のイデオロギー側面についての議論は未消化のまま、とりあえず導入したのだが、これが改めて問題になってきている。理屈からいうと、ある時点で、CO_2排出は脅威であるという見方が共有され、この「外部不経済」を内部化して値段をつけ、さらに排出権供給を絞っていってこれを高値に誘導する、という目的でEU-ETSが導入されたはずである。他方でそれは、EUの環境政策として長年採用されてきたBAT（最良利用可能技術）という、技術重視の規制政策からの転換であり、CO_2排出コストについての巨大市場を創り

出すことについての、正当性・実現可能性・波及効果などについて、十分な議論があったかと言えば、それは疑問である。むしろ、政策官僚エリートが、EU-ETS の制度的な斬新さに魅かれ、その実現に野心を持ったこと、そしてこれを、温暖化対策であればすべて善だと考える、WWF（世界野生基金）などの国際環境 NGO が後押ししたというのが実情に近い側面がある。

EU-ETS とサイバー窃盗

　EU の政策のいくつかは、多様化する加盟国の政治的実態を見ない、先進国やブリュッセル本部で仕事をするエリート官僚の手による理論的産物という性格が、透けてみえる場合がある。たとえば最近起こった、EUA のサイバー窃盗事件は、その弊害の一例とみることができる。

　これまで EUA に関する犯罪といえば、各国の税制の違いを悪用するものであった。たとえば、EUA 取引に付加価値税をかかる国とかからない国があり、無税の国で買った EUA を別の国で高く売りぬけ、付加価値税を払わないで逃げる、というものである。ところが 11 年 1 月末に、EUA を管理するサーバーにハッカーが侵入し、3,000 万ユーロに相当する EUA が盗まれる、という事件が起こった。1 月のある日、プラハのある事務所に爆弾予告の電話が入り、関係者は一時避難した。しかし何事も起こらなかった。ところが翌日、ブラック・ストン・ベンチャー社が、チェコの EUA 登録簿で自社のアカウントを確認すると、すべて消えてしまっていた。爆破予告をうけたビルにはチェコ政府から EUA の管理を委託された会社が入っており、この間にハッキングされたらしい。EUA はすべて電子登録であり、画面から消えたのは「盗まれた」のと同じで、消えた EUA は転売されてしまった。この事件で、EU-ETS は 1 週間以上も閉鎖され、セキュリティーが

確認できた国の登録簿から順に、EU-ETSに再接続が許される事態になった。この事件の反省から、各国に委ねられてきたEUAの管理は、12年からEUが一元的に行うことが決まった。

EUの気候問題担当相のコニー・ヘデゴーは、「銀行強盗にあったからといって、銀行制度にまで疑問をもつ人はいない」と、EU-ETS制度を防御している。しかしこの事件などをきっかけに、EU-ETSは、官僚機構や認証手続きを肥大化させ、投資管理会社の仕事場を作っただけでで空疎な市場、という批判が再燃している。

EU-ETSの改定案

すでにEUは08年末の時点で、フェーズⅢ（13年～20年）に向けてEU-ETSの改革案を提示している。その基本にあるのは、EU-ETS本来の機能を強化しようとする強い意思である。要約すると、①国ごとに配分方法が一様でなく、過剰配分の元凶でもあった国家配分計画（NAP）を廃止し、国を介さないでEUが一元的にEUAを配分する。②EU全体のキャップは、13年は、フェーズⅡの20億800万CO_2トンの－1.74％の19億7,400万CO_2トンとし、以後毎年、－1.74％の率で減らしてゆき、2020年には17億2,000CO_2トンにまで抑える、これは05年基準の21％減に相当する。③フェーズⅡまで、EUAはほとんどが無償配布されていたが、13年以降はオークション（有償割当）ぶんを増やし、この比率を大幅に引き上げる。CO_2価格で対外的に競争にさらされていない業種では、13年にオークションの割合を20％以上とし、以後、段階的に20年までには70％以上、27年までに100％をオークションとする。最初の提案ではオークション比率は20年で100％であったから、少し緩められたことになる。④しかしCO_2排出コストが高くなりすぎると、工場が海外に移転する「カーボン・

リーケージ carbon leakege」が起こることが予想されるから、そのような場合は明確な基準を設けて救済措置をとる。⑤オークション枠は、88％が既存の排出実績に応じて国別に配分されるが、残る10％は経済的に遅れている国に優先的に配分され、EU内での南北間調整に充てる、などというものである。

現状は、EU-ETSの導入時に構想されたような、排出枠の供給を段階的に絞ってゆき、CO_2排出価格を高値に誘導することで、省エネの技術革新を促し、費用効果的なCO_2排出削減へと向かっているようには、とても見えない。この改革案は、EU-ETSがそのように機能するよう、運用を格段に強化していくことを前面におしだしたものである。ただし実際にこれが実現されるのかについては、不透明な部分が多い。

逆に、もしほんとうに、排出価格が高値に誘導されれば、EU域内のエネルギー集約型産業の国際競争力が削がれるから、これまでの経緯からすると、企業の圧力で対外的に関税調整を行うことになる可能性がある。あるいは将来、カーボン・リーケージに対する補償措置がとられることになれば、それはただちに、世界貿易機構（WTO）が拠って立つ無差別・無条件・多角的という自由貿易の原則と衝突する。つまり温暖化交渉は潜在的に、FCCC（国連気候変動枠組み条約）体制とWTO体制との統合という、巨大な文明論的課題へとつながっているのである。このことは、日本が主張するセクター別アプローチに似た、WTO型ラウンド交渉へと形を移していく可能性を含んでいる。

EU拡大とEU環境政策の意味

EU-ETSなど、一連のEU環境政策は、欧州統合という長い政治プロセスの中の一コマであるという側面をはずせない。つまりEU-ETS

を、温暖化対策という目的で純粋に運用されるのを許さない、より大きな政治的文脈の下にあるのだ。たとえば、新たに加盟した中欧・東欧・地中海12カ国にとって、EUの環境政策を受け容れることが、どのような意味をもつのかを考えてみると、この問題が見えてくる。

　EUのような国家間組織が環境政策を決定することは、全加盟国の環境政策が一元化されることである。EU次元で進む政策立案の中央集約化は、結果的に、旧15カ国の影響力がさらに強くなり、先進国的価値が中欧・東欧に一方的に拡張されることを意味する。新加盟国が不満なのは、たとえば、旧15加盟国には、政策採用の先延ばし交渉が、既得権としてあるのに、新参諸国はEU加盟承認（EU accession）という「一等国化」のニンジンをぶらさげられて、EU環境政策を修正することなく受容しなくてはならないことである。これは一般に「EUデモクラシーの欠陥」とも言われ、EU政策に対する個人・集団・国による影響力行使が希薄化し、EU指令が普遍原理化して、加盟国の議会に無力感が漂うことなどを指している。またEU指令の押しつけは、東欧の環境は劣悪という、10年以上も前の誤った認識にたっている場合がある。たとえば、独自の経済体制の下にあったハンガリーは、旧西側諸国と同じように、80年代からSOxの大幅な削減を実現してきていた。

　しかも新加盟国は、EUの環境政策受け容れにコストを振り向けてこれを達成した後、今度は、事実上の経済成長の抑制策であるCO_2排出削減を課せられることになったのである。新加盟国がフェーズⅡのCO_2排出配分割当で、欧州裁判所に提訴するのも、この意味では当然である。そんな中、08年1月23日にEU委員会は、「2020気候変動パッケージ」の最終版を採択した。この決定は、付表で05年を基準に2020年までに各国のCO_2排出削減を、CO_2トン単位で定めており、新加盟国には10％台の増加を認めたかたちになっている。だ

がこの決定に、ポーランド、エストニア、ハンガリー、チェコ、ブルガリア、ルーマニア、ラトビア、リトアニアの8カ国は明確に不服の意を示し、さまざまな理由で欧州裁判所に提訴した。実はこの問題は、本書の主題である、温暖化問題の出発点となった国連気候変動枠組み条約が、東西冷戦終焉の産物であったことにまでさかのぼる。温暖化条約の付属書Ⅰの実態は、旧OECD諸国と旧ワルシャワ条約諸国を列挙したものであり、旧中欧・東欧諸国を一括して西側先進国と同じ国際法上の格を与えたことに遠因がある。

　EUは京都議定書を真っ先に批准し、その後に加盟する国に対しても、「EU加盟承認取決め」（EU accession agreement）の中で、近未来のCO_2排出シーリングに同意することを当然のことのように求めている。旧共産圏諸国にとって、EU加盟は、先進経済へ飛躍する機会なのであり、削減義務があるにしても、少なくとも旧EU内の非先進国であるギリシャ、ポルトガル、スペインなみの成長への配慮は、受けて当然と考えている。だが温暖化交渉の内実は、EU主要国が京都議定書達成の不足分を、JIやCDMを自在にあやつり、東方へ拡大したEU-ETS市場を利用して、調達する姿と映るのである。

　EUのエリート官僚の尊大な態度は、たとえば「2020気候変動パッケージ」に関する「影響評価」（Impact Assessment（SEC（2008）85））の例があげられている。この公式の影響評価について、研究者や加盟国の担当者が再計算しようとしても、そのモデル情報や数値についてアクセス不可能で、検証ができないのだ（D.Ellison：*On the Politics of Climate Change*. Hungarian Academy of Sciences. Working Papers No.181,2008）。

　要するに欧州社会は、欧州統合という大きな歴史の流れの中にあり、地球温暖化問題はそのなかで、行きつ戻りつしながら応えられていくべき、多くの課題の一つなのだ。EUが京都議定書の枠組みを、13年

以降も何とか存続させようとしている理由は、EUの温暖化対策がすでに京都議定書の各条項と深く関り、議定書の存続を大前提としているからである。この視点からすれば、かりにEU-ETSにおける配分枠の大幅削減が実現できなかったり、あるいは欧州経済そのものが停滞し、温暖化対策としては不発に終わったとしても、欧州社会として失うものはほとんどない。EU圏全体を温暖化対策の議論に巻き込んだことそれ自体が一つの成果である。さらに視点を変えれば、EU-ETSという制度によって、温暖化対策の名目で電力会社に東欧が供給するEUAを買わせて、冷戦後EUが行ってきた東欧への多額の援助の代替とすること、あるいは、京都議定書の枠組みを活用して、拡大EUの統治実績を作ったことだけでも、政治的には十分な成果なのである。

　むしろEU-ETSという枠組みは、EUのエネルギー安全保障の視点からすると、当面する政策課題を総合的に考えるための「接着剤」と見みなすことができる。欧州をエネルギー面からみると、欧州全域に網目のように天然ガス供給のためのパイプラインが敷設されており（図14）、これはさらに拡大される計画である。

　冷戦時代に当時の西ドイツは「東方外交」と呼ばれた高度な政治的判断から、旧ソ連のロシアから天然ガスを買い付けることを決定した。それはソ連が衛星国に供給していたガス・パイプラインを、西ドイツまで延長させるものであり、エネルギー安全保障の上で問題をはらんでいた。冷戦後、この種の安全保障問題の懸念は解消し、エネルギーの自由化策によって天然ガスの輸入は増大して、CO_2排出が減少した。しかし、ロシア産天然ガスの大半はウクライナ経由のパイプラインで輸出されており、ロシア＝ウクライナ間のガス料金の支払い問題がこじれ、06年にはロシアのガスプロム社がガスの供給量を落とした。そのため、末端のEU諸国は大混乱となった。このような新たな形の

図14 欧州における天然ガスパイプライン（既存と計画）

(EIR/Hill/G&Fint 作成)

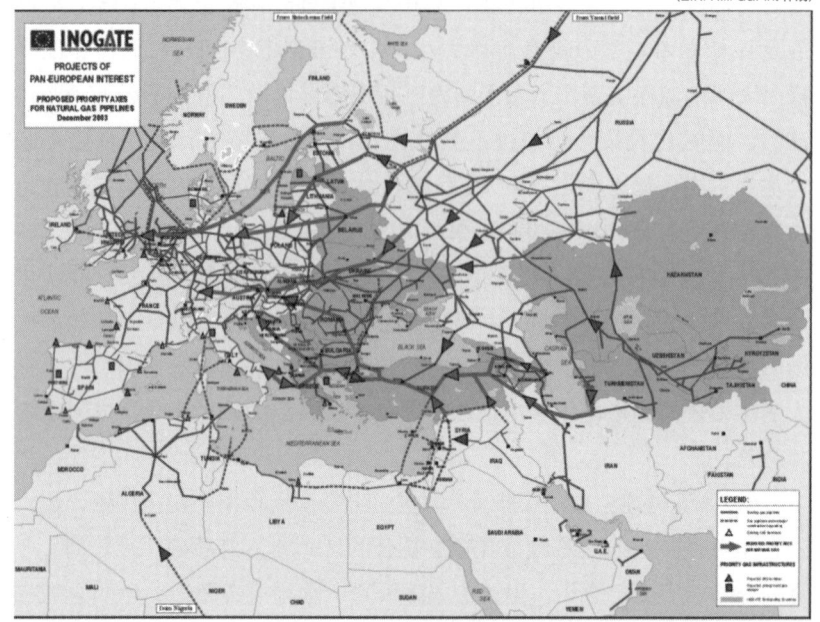

欧州には、長年にわたって天然ガスパイプラインが敷設されてきており、供給網ができあがっている。とりわけ冷戦後は、エネルギー安全保障に関する制約が大幅に減ったため、天然ガスの一大産出国であるロシアからの輸入が拡大している。北シベリアや黒海周辺での生産拡大や、ウクライナ＝ロシア間の供給問題などがあり、新しいパイプライン建設も計画されている。一次エネルギーの供給と需要の面でも、欧州の地政学的一体化が進行中である。

　エネルギー安全保障問題が明確になったため、ウクライナを迂回するパイプラインの建設が計画されており、これによって欧州へのエネルギー供給源の多様化はさらに進むと考えられている。

　もう一つは、欧州の電力市場の一元化政策である。旧15カ国の時代から、国家間の電力融通は進んでいたが、電力市場の一元化と自由化促進の基本原則を定めた97年のEU電力指令は、温暖化対策だけではなく、EU拡大とともに新たな意味を持ち出した。旧東欧諸国の

電力インフラの刷新とそのための資金調達問題なども引き起こし、発電・送電・小口販売に関する合理的なインフラ投資と、管理技術の革新がさらに求められることになった。このような構造変動の中で、EU-ETSの将来を見通すことは、EUの担当官僚が描くほどには簡単ではない。さらにここには、11年3月11日の東日本大震災によって、原子力発電（原発）をエネルギー政策のなかでどう位置づけるのか、という新たな、重大な問題が加わることになった。

日本での議論

　日本でも、05年秋以降、経団連の自主行動計画の達成を互いに融通する限定的な手段として、「試行排出量取引スキーム」が試みられてきた。また東京都は、10年4月から、大規模事業所（年間1,500kl以上のエネルギーを消費する事業所）に総量削減を義務づけ、不足分については排出量取引で補うことを認めている。このように、日本での排出権（排出量）取引は、きわめて限定的な試行にとどまっている。これを受けて、10年12月28日に「地球温暖化に関する閣僚委員会」が発表した「地球温暖化対策の主要3施策について」では、「企業経営への行き過ぎた介入、成長産業への投資阻害、マネーゲームの助長といった懸念」があることに言及し、排出権取引の導入は、事実上、見送りとなった。その理由は、CO_2 1トンあたり削減するのに要する費用（限界削減費用）が諸外国と比べてきわめて高いために、取引き機会が限られ、効果が極めて小さいと考えられるからである。当然の結論であった。

　しかし07年〜08年ころに日本では、排出量取引という世界的にも未経験な制度に関して、具体的内容やその政策的影響を詳細に検討することのないまま、国論を二分する大論争となった。日本国内の議論

を振り返ってみると、突出しているのは、EU-ETSという制度だけを切り離して、これを唯一の先行モデルとしてただ賞賛し、一刻も早くこれを日本に導入すべきだと主張する少数の研究者と、その同調者の存在である。これらの研究者は、環境省所管の中央環境審議会地球環境部会の委員・臨時委員・専門委員であるか、これに近い立場の人間であった。つまり日本における「排出権取引の政治アジェンダ化」は、かなり単純な構図の、世論への働きかけの産物であった疑いが濃厚である。

　後述するように（終章）、日本は、明治末から冷戦終焉まで、「構造化されたパターナリズム」とも言うべき権力観とこれに立脚した統治が続いてきた。「構造化されたパターナリズム」とは、中央省庁（霞ヶ関）にはもっとも優秀な人間が官僚として集積しており、何か政治的課題があれば、政府に向かって「知恵を出せ」と迫ることが、国家運営の具体的方法であるという考え方であり、これが日本における統治権力に対するかつての理解であった。この解釈の中には、あらゆる情報は霞ヶ関に集まっており、政策立案は官僚に委ねればよく、霞ヶ関こそが唯一最大のシンクタンクであり、政府の判断に誤りはない、という信念が塗り込められてきていた。冷戦後、この体制はゆっくりと崩壊に向かい、民主党政権になって「政治主導」が掲げられ、霞ヶ関官僚が政策立案のすべてを担う事態から、意識的に脱出することを試みた。だが、霞ヶ関の外部に有力な政策シンクタンクが育っていない現状では、当然、機能不全に陥ってしまう。現在は、「構造化されたパターナリズム」の解体期にあり、政策立案機能の中心軸が定まらない鬱屈した状態にある。

　一方で、伝統的に日本の省庁は極端な縦割りの組織である。各省庁は、財務省主計局から予算をつけられて、国というブランドで行政サービスを請け負う特殊法人、もっと言えば業務委託会社に近い。さまざ

まな政治的要求の中から、省庁の権限拡大につながる政治課題を選び出して政策を組み立て、予算を獲得して執行することを繰り返している。この状態は、日本社会が取り組むべきアジェンダの形を霞ヶ関が描くという、「構造化されたパターナリズム」の残像現象の中にいまもあることを意味する。省庁にしてみれば、こうして常に業務拡大を行っていないと行政改革の圧力によって、組織は細るばかりである。この意味で各省庁は当面する課題に関しての利害当事者であり、課題の切り出し方に省庁側の利害が反映するのは避けられない。

このような中で環境省にとっては、京都議定書の遵守とこれを実現するための排出権取引導入は、権限拡大のチャンスであった。だが環境省は、後発の弱小官庁であり、これほど経済的に広い影響を及ぼす政策をてがけるには力不足であった。かつて、60年代末に新設された環境庁（当時）がまず手がけたのは水俣病問題であり、この過程で政治手法として身につけたのが、ともかくマスコミに環境庁の政策案を支持する記事を書かせて政治的に前に進める、「キャンペーン型政治」であり、庁内では「ムシロ旗作戦」と呼ばれてきた。

排出権取引の場合も、環境省に近い学者が、EUにおけるEU-ETS導入の政治的要因はいっさい無視し、市場原理に委ねれば温暖化対策はすべてうまくゆくとする、無根拠のイデオロギー的主張を、何の躊躇もなく繰りかえし主張した。そしてこれに合わせて環境省の方も、中央環境審議会や環境省記者クラブを介して、ともかく温暖化対策のためには排出量取引の導入は絶対に不可欠であり、正義だとする見解を盛んに流したのである。その結果といえば、EUのような制度的な対応物のない日本社会の虚空に向かって、EU-ETS賛美の発言が散布されただけに終わったのである。

本書は、環境省を非難するためのものではない。われわれには、日本の官僚機構を含む政治制度の特性を理解しながら、直面する課題に

対処するために、これらの制度を使い切っていく以外に選択肢はないのである。問題にすべきは、たとえ環境省が、EU-ETS を絶賛しその導入を迫る形で事態が進むことを望み企てたとしても、日本社会にとっての排出権取引という課題の全体像を描き出して、公の議論の場に届けようとする知的努力が、ほとんどなされなかったことの方である。日本社会にとっての本当の不幸は、先進国では例外的に、極端に存在感のないアカデミズムという社会的セクターにこそある。

　EU-ETS が、温暖化対策費用という外部経済を内部化した意義は認めるとしても、それが即、日本でも温暖化対策のためにこのような市場機能を全面的に導入すべき、という主張につながるはずはない。温暖化対策という経済活動の根幹にかかわる部分に、市場機能をどのような論理と体制で、どのような規模で日本社会にとり込むべきかという問いは、広義の体制選択論である。そもそも排出量などは、厳格な格付けなしに流通させるのはあまりに危険な財であり、実際、EUA の場合もその認証や管理にかかる費用も馬鹿にならない。市場を介した資源の最適配分という教科書的原理を理由に、EU-ETS を日本へ導入することを推奨する立場は、経済理論としてはありえても、現段階ではリアリティーがない考え方である。日本社会にとってかくも重要な課題について、研究の政治的中立性を武器に、公開討議の場を用意してこなかった、日本のアカデミズムが、本当は非難されるべきなのである。

第5章

冷戦遺産としての
20世紀科学技術

相互確証破壊（MAD）のための体制構築

　地球温暖化問題が国際政治のアジェンダの一角を占めるようになったのは、冷戦時代、世界を陰鬱に覆っていた「核戦争の脅威」が突然緩み、その代替物として国際政治空間のなかを吸い上げられてきたからである。本書が採用しているこの解釈は、「ベルリンの壁」崩壊直後における国際政治の一連の激変に対する説明としては、説得力はあるにしても、迫真性をもつ直接的な証拠は少ないことは、認めざるをえない。ここではそれを補う目的で、核兵器の大規模配備を実現させた冷戦期の科学技術が、地球温暖化を次の脅威として認知するのに、実に「そり」の合う、なじみやすい性質のものであったことを展望し、その傍証としたい。

　このことはまた、冷戦終焉から20年以上経つにもかかわらず、21世紀初頭の科学技術にはなお、冷戦遺産としての性格が色濃く残っているのを再確認することでもある。繰り返すが、冷戦とはピーク時の86年には、米ソ両陣営が合計69,478発（Natural Resource Defense Council：NRDCによる推計）の核弾頭を保有して睨みあった、未曾有の事態であった。なぜ、これほどまでに極端な「恐怖の均衡」が何十年にもわたって続いたのか。この問いに対する合理的な答えはまだない。

　核兵器は確かに、広島・長崎に投下されて以降、実戦に使用されることはなく、今日に至っている。しかしその内実は、核兵器が、国権の発動の道具立てとしては、桁外れに大きすぎる破壊力をもつがゆえに、核ボタンを押すまでには至らなかった（＝冷戦）だけである。当然、冷戦時代、軍部は核兵器を柱にした作戦計画を組み立てていた。写真（図15）は、59年のある日の、国防総省作戦司令室のスナップショッ

トを一部拡大したものである。正面のパネルにある図には「典型的な第一撃 typical first strike」とある。この写真から、この時代、もしソ連が西側に侵攻し全面戦争となれば、欧州と北米の主要基地からB47戦略爆撃機が発進し、ソ連の軍事施設と主要都市に多数の核兵器を投下する作戦になっていたことが改めて確認できる（P.Edwards: *The Closed World*,1996）。

　実はこの写真が撮られた59年から、核兵器を搭載した大陸間弾道ミサイル（ICBM：通称アトラス）の配備が始まった。そして60年代末には、後継のICBMであるタイタンⅡ型ミサイルが54基、ミニットマン・ミサイルが1,000基の配備が完了した。こうして、相互に国民を人質にとった、核兵器による大量報復を前提とする、恐怖の均衡が現実のものとなり、固定してしまった。その基礎にあるのが「相互確証破壊 mutual assured destruction：MAD」という考え方であり、これが冷戦を支えた「核抑止 nuclear deterrence」論の核心である。冷戦時代のアメリカは、たとえ不意打ちで核攻撃を受けても、なお相手側に致命的な報復を与える反撃能力を温存させておくことが、安全保障上、死活的に重要だと真剣に考えていた。それが具現化されたのが「ルッキング・グラス Looking Glass」という符牒の秘密作戦であった。ケネディ大統領就任直後の61年2月から冷戦後の91年6月までの30年間、戦略空軍指令部は、その完全な分身機能を組み込んだボーイング機を2機用意し、常に1機をアメリカの領空内を飛行させていた。大統領府、国防総省、戦略空軍指令部（オマハの地下）のすべてが破壊され、指令機能がなくなっても、さらにその後に報復を行うため、空中から核攻撃の指令を出せるだけの機能を温存させていたのである。特別に訓練を受けた約20名が、このボーイングE-4「ナイトウオッチ」に乗って、アメリカ上空や近海を24時間、ランダムに飛行し、次の指令機が離陸したのを確かめた後、地上に帰還するという

図15　国防総省司令室に提示された定型的な第1撃
　　　(P.Edwards:*The Closed World*,1996,p.112, 部分)

1959年に偶然、撮影された、国防総省の司令室のボードに掲げられた図。左上には「定型的な第一撃 Typical First Strike」とあり、いったん米ソ間で宣戦布告があると、欧州と北米の米軍基地から、爆撃機B47が核兵器を積んで、ソ連の軍事施設や主要都市を爆撃するというのが、定型の作戦計画であった。この写真が撮影された直後の59年から、核を搭載した大陸間弾道ミサイル（ICBM）の実戦配備が始まり、60年代末にはミサイルによる攻撃態勢がほぼ完成し、互いに相手国の国民を人質にとった、恐怖の均衡がさらに現実のものとなる。この図からも、中国は米ソ対決の緩衝地帯と考えられていたことがわかる。

作戦を続けていた。この特別機は「世界終末の翼 Doomsday Plane」と呼ばれた（B.Jerome, 他, *The Bulletin of the Atomic Scientists*, March 1993,p.12)。

　日本人のほとんどは、冷戦時代に欧米の一般市民が「核シェルター」を用意した例を知ると、怪訝な顔をしたり、困惑したりする。だが、日本を除く先進国の人間にとって、「ベルリンの壁」が象徴する冷戦は眼前の現実であり、核による威嚇という世界の現実を、多かれ少なかれ視野の内に入れて日常を送ってきた。95年の阪神大震災で注目され、今回の東日本大震災でもしばしば引用されたアメリカの

第5章　冷戦遺産としての20世紀科学技術　｜　151

「連邦緊急事態管理庁　Federal Emergency Management Agency：FEMA」は、79年にカーター大統領が、大統領令12,127号によって、連邦政府が所管していたさまざまな緊急事態に対応する部局を統合し、これに国防総省の市民防衛軍備局（Defense Civil Preparedness Agency）を合わせて、自然・人為の区別なく、国内で起こる緊急事態に対して、連邦政府が一元的に対応する組織を設けたものである。そこでは、大火災・巨大ハリケーン・巨大地震・巨大事故への社会的対応は、本質的に戦争やテロ攻撃によって起こる事態と同じである、という安全保障上の認識がある。事実、新設のFEMAがまず手がけたのは、核攻撃を受けた場合に一般市民が対応するための情報の提供であった。FEMAが編集した冊子『核時代における防御』(1984)では、核戦争の警告・被爆・核シェルターの作成などについて、具体的な方法が細かく記載されている。

　日本が、冷戦の過酷さを直視しないで冷戦後に抜け出した例外的な先進国であることは、たとえば、80年代前半の「核の冬 nuclear winter」論争に対する日本国内の態度をみてみるとよい。79年12月末のソ連軍によるアフガニスタン進駐によって、70年代のデタント（緊張緩和）は終わったことが確定し、80年代前半は「第二冷戦」(『ニューズ・ウイーク』80年1月21日号) と呼ばれるほど、米ソ関係は緊張した。81年に大統領に就任したR.レーガンは、対ソ強硬路線を明確にし、83年3月にはソ連を「悪魔の帝国」と呼び、敵のミサイルすべてを大気圏外で撃ち落す「SDI：Strategic Defense Initiative」を発表した。アメリカの科学技術を再動員して、「アメリカ全土に、外からのミサイルをはねつけるマントをかぶせ」ようとする構想であり、レーガンはこれを「スターウォーズ計画」と名づけた。この直後の83年11月に、西ドイツ議会がパーシングミサイル配備を承認すると、ジュネーブでSALT II交渉の窓口であったソ連代表は、席を蹴ってモスクワに帰っ

てしまった。このとき米ソ関係は、62年秋のキューバ・ミサイル危機以来、最悪の状態となった。

　これに対して、かねてより米ソ関係悪化を懸念していた環境専門誌『AMBIO』の編集部は、核戦争の危機を回避させる目的で、核戦争後の環境影響評価の研究プロジェクトを進めており、その成果が同誌82年第2/3号に発表された。それまでの核戦争の議論は、相互確証破壊論（MAD）を前提とした核抑止論が主流であり、国防総省に近い核戦略理論のエリートたちは、もっぱら敵の人的・経済的な破壊にしか関心を払わなかった。核戦争の全地球レベルでの影響を生々しく描いてみせたのは、このプロジェクトがほぼ初めてであった。『AMBIO』が出発点とした戦争シナリオは、85年6月某日、偶発的に全面核戦争が起こり、最終的に米ソは保有核の半分近くを使い切る、という想定であった。図16（口絵参照）は、致死的な死の灰（フォールアウト）で覆われる地域である。

　配備されている個々のミサイルは、あらかじめ攻撃目標がプログラムされているから、いったん核ボタンが押され、大量報復作戦が作動する事態を想定すると、誰が考えても、自ずと同じようなシナリオになる。それでもいちおうは、第一に軍事施設、第二に工業施設があげられ、燃料基地や石油化学コンビナートが核攻撃の対象となる。これを見ると瞬時に、ほぼ日本全土が壊滅することになっている。これが当時の世界の認識であったが、このシナリオについての議論は、日本ではまったく起こらなかった。

　『AMBIO』の特集号は、直接の大量破壊・大量殺戮以外に、保健衛生、大気、水、海洋生態系、農業、経済など広範な課題を扱っているが、なかでも注目を集めたのは、P.クルッツエンとJ.ビクルスによる「核戦争後の大気――真昼の悪夢」という論文であった。これによると、核攻撃によって燃料基地や石油化学コンビナートが大火災を起

こし、オゾン層が破壊されて紫外線が大量に地表にふり注ぐようになる。同時に大気の穴が生じ、酸素不足の中、大量の煙と煤が成層圏にまで巻き上げられて、北半球は長期間、太陽光がさえぎられ、農作物の大幅な減収が起こるというものである。「核の冬」の発見である。

この巨大なテーマはただちに、UNESCO 傘下の国際学術連合会議（ICSU）の環境問題科学委員会（SCOPE）の取り上げるところとなり、82 年秋に、核戦争の環境への影響を研究する実行委員会が置かれた。こうして世界的規模の科学者が参加して、86 年に SCOPE 報告第 28 号『核戦争の環境への影響』（全 2 巻）が完成する。これは『AMBIO』が提示した課題を深堀りしたものだが、注目してよいのは、核戦争の環境への影響研究と、その後盛んになる地球温暖化研究との、問題設定のあり方や、研究者の動員のし方の連続性である。だが、「核の冬」研究から温暖化研究へという、研究の連続性と同型性は、もっと深いところにその淵源はある、と見てよい。

50 年戦争を戦ったアメリカ

科学技術は、第一次世界大戦で本格的に戦場に導入されたが、同時に、毒ガスなどの登場で、科学技術によって実現される破壊力や殺傷能力が、正規戦という考え方と矛盾する面も明確になってきた。科学技術研究を効果的に動員したのは、第二次大戦中のアメリカであった。戦争が始まる直前の 40 年に、ルーズベルト大統領は、国家防衛研究委員会（National Defense Research Committee：NDRC）を置き、委員長にマサチューセッツ工科大学（MIT）の電気工学教授 V. ブッシュを任命した。ブッシュ委員会は、多くの研究プログラムを組織し、科学者を戦時研究のために動員した。NDRC は、無線通信、レーダー、潜水艦、航空機などでめざましい成果をあげた。その一つが、「マン

ハッタン計画」と呼ばれた原爆の開発である。だが、ナチス・ドイツに先にされないためという理由で着手されたことを考えると、このプロジェクトは成功したとは言えなかった。45年5月にドイツが無条件降伏したとき、マンハッタン計画はまだまだ研究途上にあったからである。しかし、中断するにはプロジェクトとして大きくなりすぎていた。45年7月16日に、ニューメキシコ州アラモゴードの砂漠で、史上初の核実験に成功し、その3週間後の8月6日に広島、8月9日には長崎に投下された。ただし、アラモゴードで実験に成功したのはプルトニウム型原爆であり、これは長崎に投下された。アメリカが、広島に落とした原爆はウラン濃縮型であり、これは文字通り人類初の核実験であった。

　第二次大戦後、間もなく米ソは冷戦状態になった。結局、アメリカは、41年12月の真珠湾攻撃から、91年12月のソ連崩壊までのちょうど半世紀間、50年戦争を戦ったことになる。冷戦とは、核兵器対決を前提とする「臨戦態勢の平時化」であり、アメリカは戦時経済をその中枢に組み込んだ「冷戦国家」となった。実質的に冷戦体制を完成させたアイゼンハワー大統領は、61年1月にホワイトハウスを去るにあたって演説し、国防予算でまかなわれる巨大な公共経済部門を、「軍産複合体 military-industrial-complex」と名づけ、アメリカが抱える課題だとした。

　そもそも米連邦政府は、植民地の13自由州が宗主国イギリスから独立するために作った暫定組織であり、合衆国憲法で、連邦政府には軍事と外交と税の権限しか与えられていない。言い換えれば、ワシントン政府には産業政策などの権限はもっていない。そのため第二次大戦後の連邦政府は、不況になると、高度技術と高品質が要求される軍事費を拡大し、世界最強の国防産業を育てあげてきた。実際、軍事目的で実用化された先端技術が民生部門にも流れ出し、この「スピンオ

フ効果」によって新しい産業が誘導されてきたのであり、アメリカは、実に迂遠な産業政策をとってきたとも言えるのである。

　核兵器を実際に配備することは、その運搬・厳格な指令制御・敵に対する早期警戒、などのために、航空機・ミサイル・通信・コンピュータ・人工衛星・潜水艦などについて広範な技術を開発し、実用化することであった。大規模な核配備はまた、軍事目的で世界大・同時大量通信システムの情報インフラを構築するのとほぼ同じことであった。このため、100％国防予算に依拠する巨大な軍産複合体が成立したが、この産業分野は、国防を理由に内外の経済界からは隔絶した存在であった。政府規制を極端に嫌うアメリカの産業界主流からは異質の企業文化をつくりあげ、それは「ディフェンス・ゲットー」と呼ばれた。

　軍事目的を実現するために実用化が進んだハイテク技術は、当初の思惑通り、民生部門への移転が進み、裾野の広いアメリカ型の産業が育ってきた。IBM、インテル、ボーイング、ロッキードなど、戦後アメリカを代表する企業群の多くは、軍需から出発したものである。さらに90年代のアメリカは、冷戦時代に莫大な税金を投入して開発した軍事技術が、納税者に無駄な投資だったと思わせないよう、軍民転換（defense conversion）や軍民両用（dual use）の旗をふって、冷戦遺産が一般の目に、宝の山であると印象づけようとした。実際、ゴア副大統領は「情報社会の構築」というスローガンを掲げ、軍事情報インフラである衛星通信、インターネット、GPSなどを順次、民生利用に解放した。そしてこれらを駆使して、マイクロソフト、グーグルなどのポスト冷戦時代を代表する、新しい型の巨大情報企業が急成長した。

　にもかかわらず、先端産業育成の成功例とされる、カリフォルニア州のシリコンバレーは、いまなおその最終需要の半分以上は、軍事もしく軍事研究関連であるとみられている。具体的な例をあげると、核

兵器の小型化のためには膨大な計算が必要で、その実現のためにスーパーコンピュータが開発されたが、これを開発した当時のクレイ・リサーチ社は、90年代初めまでは、核兵器開発を担当するエネルギー省にしか納入実績はなかった。96年5月、アメリカの大気研究機構 (University Corporation for Atmospheric Research)に日本のNEC製スーパーコンピュータを納入されようとしたとき、米商務省がダンピング認定をした。NECは提訴し、最終的に敗訴が決まったが、これを日本製コンピュータのアメリカ市場からの締め出しと、見るのは表層的にすぎる。この根底には、核兵器用に開発されたクレイ社製スーパーコンピュータが、実際に温暖化のシミュレーションに投入されるのを示すことが、この時期のアメリカにとって政治的には何よりも重要であったのである。

　これを科学技術の面から見ると、50年戦争下のアメリカ科学界にとっての至上命題は、安全保障に関わる課題であり、具体的には、核兵器の小型化とその配備に関連する技術の開発研究であった。アメリカの科学史家は、冷戦終焉後ただちに直近の過去を分析し、冷戦時代のアメリカの科学研究全体にとって最大の課題は核兵器の開発であった、とする当たり前の結論を実証してみせた。そして、軍・産・学にまたがる核兵器研究ネットワークを「核兵器複合体 nuclear weapon complex」へと、改めて命名し直した。

　この命名は、第二次大戦中の「マンハッタン計画」を先行モデルとする研究体制が、冷戦期のアメリカの科学技術研究のコアを構成し、それが制度化されてきた過程であることを端的に表している。今日、「研究大学 research university」と呼ばれる、一群の研究活動の抜群に高い大学は、第二次大戦以来、軍からの委託研究によってその知的活動能力と経済的基盤を築いてきた。具体的には、マサチューセッツ工科大学（MIT）、スタンフォード大学、カリフォルニア工科大学

(Caltech) などがそれで、これらはみな、戦前は俗に言う一流大学ではなかった。第二次大戦中にV. ブッシュ委員長のNDRCの下で、戦時受託研究を受けることで力をつけ、冷戦時代を通して、アカデミズム内での地位を築いてきた大学群である。こうして、国が開発目標を示し、大学が豊富な資金をうけてその実現に邁進するというプラグマティックな動機づけが内包された、アメリカの理工学系大学の研究のパターンができあがった。ヨーロッパ的感覚からすれば格下の「工科大学」が、安全保障という最高の国家的使命に関わる技術開発に従事することを介して、アメリカ社会の価値体系のなかで最上位の地位も獲得した。

だが一方で、軍からの受託研究は、「研究の自由」を縛るものであり、そもそも大学が軍事研究に直接携わることを問題視する立場も、当然出てくる。60年代後半に大学紛争が起こり、ベトナム反戦の声が大きくなると、スタンフォード大学やMITでは、非公開扱いを受ける軍事研究が激しい批判の的となった。大学紛争後、この部分を別会社組織にして、大学キャンパスから外に出すようになった。これがベンチャー企業の一つの形態となった。

核実験禁止と地震研究

軍からの委託研究を受け入れることは、実際に科学の自律性を歪めることになるのか。影響があるのは避けられないとしても、どの程度悪影響が出るのか。この問題に関して、地下核実験の監視と地震研究という、明らかな軍事的要請に基づいて大規模な研究助成が行われた例について分析してみせたのが、バースらの研究である（K-H.Barth：The politics of seismology, *Social Studies of Science*,Vol.33,p.743,2003）。その結論は、軍からの資金流入は、地震研究を飛躍的に進めた点では

絶大な影響を与えたが、研究テーマの歪曲に関しては、ほとんど影響を与えなかった、という楽天的な答えを提示したのである。

　長い間、地震研究はたいへん地味な一分野であった。ところが60年代に入って突如、体系化された「研究＝モニタリング複合体」に変身する。52年にアメリカが、53年にソ連が水爆実験に成功して核開発競争に拍車がかかり、核実験が繰り返されるようになった。これによって放射性のチリが世界中に撒き散らされ、これが大規模な環境問題と認識されるようになった。54年にはビキニ岩礁の核実験地近くで第五福竜丸事件が起きている。この事態を是正するため、米ソは核実験禁止の話し合いを始め、63年8月に米英ソの間で、大気圏内の核実験を禁止する部分的核実験禁止条約（PTBT）が成立した。この交渉の過程で、地下核実験の監視方法が大きな焦点になった。

　国防総省はあらゆる核実験を捕捉する目的で「ベラ計画 Project Vela」を採用した。その一部が、地下核実験の探知をめざした「ベラ統一化 Vela Uniform：以下、ベラ計画とする」である。アメリカの地震研究の予算は、50年代半ばでは年50万ドル前後であった。そこに、国防総省のARPA（Advanced Research Project Agency：先端研究計画局）は60年〜63年の間、ベラ計画で1.1億ドルの年間予算を獲得し、その30％（3,300万ドル）を基礎研究に割り当てることになった。

　このARPAという組織についても冷静に評価をしておく必要がある。核開発競争のさなかの57年10月4日、ソ連が人類初の人工衛星「スプートニク1号」の打ち上げに成功した。それまでソ連の科学技術を歯牙にもかけていなかったアメリカにとって、これは底知れぬショックであった。アイゼンハワー大統領は、この事態を「スプートニク危機」と表わし、アメリカがミサイル実用化と宇宙開発で遅れをとっただけでなく、ソ連は安全保障上の現実的な脅威になったと考えた。そして、科学技術の水準が安全保障に直結すること、研究者は勝手な人

間なので結局は自由にさせておくことで研究効率は上がること、という考え方が、政府中枢のコンセンサス（ワシントン・コンセンサス）となった。こうして科学技術の研究と教育について大強化策が採用され、60年代のアメリカの理工系大学は、研究費が急増すると同時に、研究の自由も認められる、研究者の理想郷が実現した。冷戦の受益者の一人は明らかにアメリカの工科系大学であった。

　スプートニク・ショック直後の58年2月、アイゼンハワー大統領は国防総省内に、国防に関する最先端技術開発に特化して研究助成をする機関、ARPAを設けた。ARPAはベラ計画のアカデミズムへの窓口となり、以下の三つの目的で資金をつけた。世界標準地震観測網（World-Wide Standard Seismograph Network：WWSSN）のための観測器の配備、海底における地震計の設置、地震データをコンピュータ化し集約すること、である。それまでの地震研究は、少数の研究者が大きな地震に注目して研究していた。ここに、ベラ計画が動き出したことで多数の研究者が育ち、研究関心は微小地震にも広がった。ベラ計画によって急拡大した地震観測システムは、その管理とデータ処理のための高度な技術が必要で、それはアカデミズムによる運用能力の範囲をはるかに超えるものであった。この部分は、ゲオテク社やテキサス・インスツルメンツ社などのベンチャー企業が請け負う特殊分野となった。だが、アポロ計画強化のあおりを受けて、ARPAの地震研究の助成費は60年代半ばに突然縮小された。そしてこれ以降の研究助成は、基礎研究の助成の本流であるNSF（National Science Foundation：米国立科学財団）が受け継いだ。バースによると、50年代までの地震研究と対応させてみても、60年代以降の課題設定はその延長線上にあるものがほとんどで、この意味で、軍の研究費流入によって研究が歪められたとする解釈は実態とは合わない。

　むしろ、ベラ計画によって観測データの蓄積が飛躍的に進み、海底

地形の詳細が明らかになったこともあって、60年代中期以降、「プレート・テクトニクス理論」が急速に受容されていった。明らかにベラ計画は、その強力な促進要因であった。プレート・テクトニクス理論とは、地球は十数枚の岩盤からなり、これがマントル対流の上に乗って移動することで、さまざまな造山運動や地震が引き起こされる、とする学説である。

その代表的論文の一つが、コロンビア大学ラモント地質観測所のB. アイザクスらによる「地震学と新しいグローバル・テクトニクス」(B.Isacks, 他；*Journal of Geophysical Research*,Vol.73,p.5855,1968)である。アイザクスらは、「爆破地震学 Explosion seismology」に対抗する形で、地震観測の成果をプレート・テクトニクス仮説で統合的に説明する可能性を、豊富なデータを用いて展開してみせた。ここで間接的に批判している「爆破地震学」とは、石油探査の目的で行われてきている爆破実験を指しているようでありながら、その先には軍が進めている地下核実験があることは、この時代の読み手なら暗に気がつくことであった。なかでもここで引用されている、アメリカ沿岸測地調査所(US Coast and Geodeic Survey)がまとめた、61年～67年に世界で観測された29,000回の地震を世界地図にプロットした図は、プレート・テクトニクス論の正しさを、圧倒的な迫力をもってせまる科学的証拠であった（図17）。そして、これがベラ計画による大きな成果であることは明らかだった。

一方、アカデミズムへの体系的な研究助成とは別に、軍が進める「ベラ計画」本体では、微小地震から地下核実験の波形を区別する目的で、63年～71年の間に、合計7回の地下核実験が、ネバダ州、ミシシッピー州（ネバダと同時爆発）、アラスカ州で行われた（この問題については、ボルト著『地下核実験探知』古今書院、原著1976年　に詳しい）。

ところでARPAは、58年に設置されて以降、軍プロパーの研究

図17　61年〜67年に起こった世界の地震

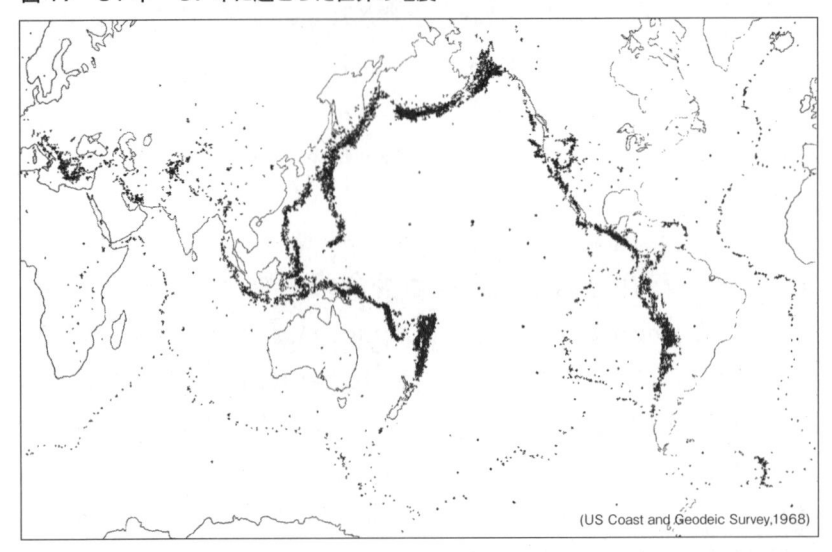

(US Coast and Geodeic Survey,1968)

　地下核実験を監視する必要性から、59年に国防総省は「ベラ計画」を採用した。これによって世界中の地震観測網が一気に充実することになった。図17は、その成果として、61〜67年に世界中で捕捉された29,000回の地震を、世界地図にプロットしたもの。この結果、それまではあまり議論されることがなかった、プレートテクトニクス理論が説得力ある形で実証されることになり、地球物理学研究が飛躍的に進むことになった。

機関との激しい競合にさらされながら、最先端技術の軍事的応用で独自の貢献をしてきた。ARPAの60年代の主題は、当然のことながら弾道ミサイルの開発であり、次がベラ計画であった。60年代後半はアポロ計画を側面から支えるプロジェクトに資金が回されるようになった。そして宇宙開発に関しては、軍事部門は空軍と海軍の所管、非軍事のミッションはNASA（National Aeronautics and Space Administration：米航空宇宙局）に集約する政策が明確になったため、ARPAの助成先は自ずとコンピュータと通信技術の領域に向かうことになった。

その後のARPA助成の中で、21世紀社会に突出した影響を及ぼしたのが、インターネットの原型となったARPANETの開発である。発端となったのは、研究組織の間で研究内容を共有するコンピュータ・ネットワークを構築しようとしたことにあった。65年にARPAのIPTO（Information Processing Techniques Office：情報処理技術室）の責任者に就いたR.テイラーは、前任者のコンピュータ・コミニュケーション・ネットワークの構想を具体化するために、正式の予算を獲得し、MIT・リンカーン研究所の研究者を中心にARPANETの開発実験を押し進めた。ARPAは75年にARPANETの目的は達成されたと宣言し、管理を国防総省コミニュケーション局に移管した。この情報通信技術は、80年代前半に政府系研究所とアカデミズムの間に浸透し、90年代前半には民間に完全開放された。こうして今日のインターネット社会が出現した。インターネットの開発は、ランド研究所（後述）のP.バランが提唱した、核攻撃を受けても生き残れるコミニュケーションの方法を開発するためだったという解釈は、冷戦にひきつけすぎであり、事実に反するとする反論が、当事者からなされている。
　一方でGPSは、潜水艦の運航やICBMの運用精度向上という、純軍事目的で開発されてきた軍事的インフラで、複数の静止人工衛星からの電波を受信して正確な位置情報を得るシステムである。しかし、83年の大韓航空機KL007便が誤って進入禁止のソ連領空を飛行し、戦闘機に撃墜されたのを機に、レーガン大統領は民間航空にもGPSの利用を認めた。これ以降、次第に民間利用は広げられ、今日では利用が爆発的に拡大している。GPSは現在、30個の衛星を国防総省が運用し、無料使用を認めている。インターネットと違って今日も、国防総省の強いコントロールの下にあるが、ロシア（旧ソ連）、EU、中国なども独自のスケールで衛星を打ち上げてきている。

20世紀後半の科学技術を、この時代の世界を決定づけた冷戦体制の構築・維持という面から展望を試みると、以上のような側面が、紛れもない冷戦期の科学技術の実像なのであり、本書がことさら科学技術を露悪的に論じているとは思わない。20世紀後半の世界は文字通り、「火蓋が切られなかった第三次世界大戦」＝冷戦であったのであり、事の良し悪しは別にして、冷戦期の科学技術の多くは、核戦争の脅威に対抗するためという動機で開発されたものである。何度も力説するが、どうも人間には、底の知れぬ脅威や恐怖を感じたとき、知識を大動員する本性があるらしい。

　それにしても、いまから見ると7万発の核弾頭の保有というのは、人類史のなかでも異様な光景である。それは一方で、アメリカ流のプラグマティズムが、安全保障総体に効果的に科学技術を動員することを可能にし、他方で、ソ連流の社会主義の防衛を目的とした、重工業力の傾斜投入という、この時代の二つの政治イデオロギーの産物であったと言うほかない。核爆弾という過剰な破壊力をもつ兵器を、両陣営が国防の中心に組み込んだがゆえに、合理主義の集塊である科学技術を、非合理なほど徹底して動員する冷戦体制を、不可避的に出現させてしまった。やはり、この事態は「超近代」と表現すべきであろう。

ランド研究所（RAND Co.）とは何か

　「非合理なほどの合理主義」＝超近代＝冷戦体制という図式に立ってみると、冷戦国家アメリカの、極端な「合理主義信仰」のソフト部門の中心をなしていたのが、最盛期のランド・コーポレーションであった。A. アベラ著『ランド　世界を支配した研究所：Soldiers of Reason』（文藝春秋 2008）は、このランド研究所の意味を明らかにしようとした力作である。さらりと書かれた序章と第一章が、ランド成

立の意味を明確に切り出している。

「ランドの物語が正式に始まった1946年、アメリカはまだ日独伊の枢軸国に勝利した余韻に浸っていた。それからたった4年間で、アメリカはありきたりの大国から、かつて見たこともないような強大な軍事大国へ成長した。首都ワシントンには、アメリカを軍事超大国にする原動力となったマンハッタン計画が象徴するように、科学技術と軍事力をみごとに統合させようという、飽くなき欲求があった」。「ランドの存在意義は、いつでもアイデアであり、仮説であり、空想にあるからだ。……ランドの指導者は、名誉や富と引き換えに、意識的に、工場ではなく、知力を武器にしていく選択をした」。「……要するに、マルクス主義者が歴史から決定論を見出したように、ランドの信者は、数値至上主義の世界観に決定論を見いだしていたのだ。このように、客観的合理性といわれるランド信仰を発展させ、国家安全保障政策を決定する支配階級にとっての武器へ変貌させたのである」。「……平時においても、独立した民間の科学者からの協力を、引き続き政府は必要とするだろう。……強大化するソ連をはじめとする国家安全保障上の脅威に対処する上で、必要な解は、外交よりもむしろ科学にある、という思考方法であった」。

こうして、空軍から研究受託を受ける、史上初めての民間シンクタンクが成立した。このランド研究所が20世紀後半の世界に与えた影響は計り知れない。核戦略理論家で、のちのネオコン（新保守主義）の創始者となるA.ウオルステッカー、水爆の実戦配備を推進したH.カーンなど、狭義の冷戦の戦略理論だけではなく、合理的選択理論の基礎を作ったK.アロー（ノーベル経済学賞を受賞）、そしてP.サムエルソン（ノーベル経済学賞を受賞）もランドの研究者であり、冷戦期アメリカの世界戦略に関して名だたる人材を輩出した。だが一方で、輝かしい戦績を誇る軍プロパーの将軍たちにとって、ランドの「ゲー

ム理論家」たちが核戦争のシミュレーション計算の上に、安全保障の基本政策を論じるのは、実に腹立たしいことであった（S.Ghamari-Tabriz, *Social Studies of Science*,Vol.30. p.163,2000）。

　ランド研究所は、客観的合理性を旗印に、安全保障を含むあらゆる重要課題についてその要素を数量化し、最適解を算出する手法を定番化した。ときには、コンピュータを駆使して、膨大なシミュレーション計算を行った。ところで、ランド研究所がおし進めた、この「脅威の数量的算定とその政策論への翻訳」という発想は、何かに似ていないだろうか。そう、本書の主題であるIPCCの機能と相似の位置にある。そもそもシミュレーションという手法が一般化したのも、冷戦期の戦略研究が出発点であった。ランド研究所もIPCCも、ともに直面する地球レベルの脅威を算定し、それに対抗するための政策を考え出し、政府や議会に向かって訴える、知識集団からなる組織なのである。

第6章

気候安全保障論の登場

イギリスと気候安全保障（climate security）論

　ブレア政権下の06年5月に環境・農務大臣から外務大臣に横滑りしたマーガレット・ベケットは、07年6月に退任するまでの約1年の間に、イギリス外交の柱に温暖化問題を据えるという明確な目的をもって、精力的に動いた人物である。外相就任後の06年10月26日、ベルリンのイギリス大使館でドイツの関係者に向けて、「気候と安全保障」というテーマで演説を行った（Beckett: Berlin speech on climate and security。英外務省ホームページ）。ベルリンという、冷戦終焉を象徴する地であり、温暖化条約COP1が開かれた場所をわざわざ選んで行ったこの演説において、ベケットは、「気候安全保障climate security」という概念をとくに濃縮して語っている。

　「私は外相になった時点で、この脅威（註：地球温暖化のこと）を気候安全保障と呼ぶことを決め、これに対抗することをイギリスの新しい国際戦略の柱とすることにした。……外交政策とは、われわれが直面している個々の危機への対処にとどまるものではない。国民に対するわれわれの責務は、複雑で相互に関係したこの世界の中で、安全保障と繁栄のための条件を整えることにある。不安定な気候は、われわれがこの責務を達成することをより難しくするだろう。……外交政策の担当者たちが、いま考えなくてはならないのは、不安定な気候が、現在、われわれが解決に取り組んでいるこれらの軋轢（註：人口過剰、資源の枯渇、環境の悪化のこと）の上に、さらに巨大な負荷をかけてくることである。」

　こう前置きして、温暖化の影響を、安全保障の観点から概観したのである。温暖化が進めば、収穫量が落ち、アフリカ・中東・南アジアで食糧供給が悪化すること、水資源問題では南アジア・中東・中央ア

ジアで軋轢が生じる恐れがあること、もし海面が50cm上昇すれば、ナイル河デルタだけで200万人、1mならバングラデシュだけで2,500万人の難民が発生すること、環境劣化によってすでにサブ・サハラからの経済難民が欧州海岸に押し寄せていること、などを論じた後、究極の省エネルギー社会の構築を目指す必然性を指摘した上で、こう述べた。「このためには、可能な限り広範な、政治的な同盟が必要である。そしてこれがわれわれの取り組むべき問題の形である。これは単なる環境問題ではない。これは防衛問題（a defence problem）である。それは、経済発展・紛争予防・農業・金融・建設・運輸・技術革新・通商・保健を扱う担当者の課題である。」

　この前年の05年7月、ブレア首相は、スコットランドのグレンイーグルズ・ホテルでG8サミットを主催し、主要議題に、温暖化への対応策の強化をとりあげた。これをきっかけにイギリスは、10年前のベルリン・マンデートのように、CO_2削減論に収斂させるドイツ環境大臣メルケル型の温暖化問題を、国際政治本流の安全保障のアジェンダとして深化させる戦略に転換することを企てたものと見られる。ベケット外相の気候安全保障論は、温暖化問題を新しい形のアジェンダとして切り出し、国際関係が本質的に軍事的意味合い（military-taste）を帯びるものという基本認識の上に、今後、イギリスが個々の紛争に関与していく際の論理の一つに、温暖化論を繰り入れようとしたのである。そして、この延長線上に中国があることは、食糧問題が発生する地域の一つにわざわざ中国を挙げ、水資源問題にヒマラヤ氷河の縮退に言及するなど、演説の端々からにじみ出ている。この「温暖化問題のハイポリティクス化」は、演説の2日後にイギリス政府が発表した『スターン報告』とも歩調を合わせた、イギリスの温暖化外交の新しい戦略であった。

　『スターン報告 Stern Review』とは、世銀のチーフ・エコノミスト

であったニコラス・スターンを座長に、イギリス財務省のスタッフが中心になってまとめた、700ページに及ぶ、世界次元での温暖化に関する経済分析と、その対応策の検討である。議論の内容は広範囲にわたるが、結論としては、早期に強力な温暖化対策を採用することの利点は、コストを大きく凌駕すること、科学的結論によれば、現状のままCO_2排出が続けば深刻な被害が、とくに発展途上国で進行し、いま対応策を打たなければその機会は失われること、いまから強力な政策を採用すれば、大気中のCO_2濃度を500〜550ppmで安定化させるのにGDPの1%を振り向けることで可能であること、を主張している。スターン報告の論の組み立ては、温暖化の被害・技術革新の速度・未来への投資の評価（割引率）などについて、大きめの条件や数値を組み込んだものであり、全体としては、温暖化対策をあらゆる経済選択の最上位におくべきだとする価値判断に立った主張とみてよい。最後に、EU-ETSを必然視しているのは、ご愛嬌と言ってよい。

　イギリスが、温暖化を狭義の安全保障と同格に置く戦略を採用する一つの理由は、EU統合が一段と深化し、統一憲法を検討するほどまで、EU＝不戦共同体という性格が堅固になったからでもある。EUを内側から見ると、伝統的な外交の主題である軍縮問題の重みは明らかに低下した。実際、独自の核戦力をもつイギリスとフランスは、核兵器研究の一部を共同化することで合意している。キャメロン英首相とサルコジ仏大統領は、10年11月、未臨界核実験ができる軍事施設の共同使用を決定した。

　一方で、冷戦終焉から20年近く経って、「環境と安全保障」の考え方にも変化が起こっている。冷戦期末期から登場してきた環境安全保障（environment security）という考え方（環境安全保障論については拙書『地球環境問題とは何か』pp.66〜68を参照）は、環境が著しく悪化すれば社会を不安定化させ、安全保障上の問題を引き起こす、もしく

は環境の悪化そのものが安全保障問題である、という視点である。当初、この主張は、安全保障＝軍事と考える主流派からは、環境がinsecure な状態にあってはじめて意味を持つ主張であり、安全保障概念をあいまいにするとして批判された。しかし、それ以上は反論されないまま漠然と認められてきたようにみえる。

　環境安全保障論は、環境悪化の原因を森林の大規模伐採や水源の汚染のように、人為による直接的な働きかけを前提とするものであった。ところがベケットの気候安全保障論は、CO_2濃度増大による温暖化という大スケールの構造変動を安全保障問題の基本におく立場である。それは大言壮語のようにも見えるが、地域紛争への介入や予防外交に新しい論理（もしくはレトリック）を提供する点で、国際関係の上では無視できない見解である。そして気候安全保障論の登場は、後で触れるように、核兵器廃絶論の登場とも微妙に呼応しているのである。

国連安全保障理事会での自由討議

　温暖化問題を、気候安全保障論というアジェンダの形として認めさせ、国際社会の価値判断の一つに織り込ませようとした場合、これを、国連システム内での最重機関であり、安全保障問題を所管する安全保障理事会（Security Council：安保理）で取りあげさせるのが、いちばん効果的である。安保理が、気候安全保障を正式議題としてとりあげれば、イギリスの主張の政治的な正当性（legitimacy）が増すことになる。イギリスはこの方向にまっすぐ進んだ。偶然、07年4月から半年間、安保理議長国がイギリスに回ってきた。イギリス国連代表部はこの機会をとらえ、気候安全保障論を安保理の議題とするよう、ロビー活動を行った。こうして4月17日、史上初めて、安保理において気候変動と安全保障に関する自由討議（open debate）が行われた。

むろん、議長はベケット外相であった。議長は冒頭でこう断りを入れ、国連内部の所管争いを起こしたことを認めた上で、討議をうながした。「今日、討議を行うことで、安保理は、国連総会、経済社会理事会およびさまざまな関連機関などの諸権威に対して、先取権（pre-empt）をとろうとするものではない。」

イギリスは自由討議に先立って、3月28日付で、「エネルギー、安全保障および気候」というコンセプト・ペーパーを提出した。これによると、人口増大と経済成長が進めば、化石燃料をさらに消費することになるが、他方それは地球温暖化をより進行させることになる。温暖化は、エネルギー・水資源・食糧・希少資源の獲得、人口移動、国境紛争に関して対立を悪化させる可能性がある。紛争予防のために幅広い戦略をとるのは安保理の使命でもあり、気候変動と安全保障の連動について国際社会は認識を深めるべきだ、というのである。実際の安全保障上の問題としては、海面上昇と氷河の融解にともなう国境紛争、移民の発生、エネルギー供給、水を含む自然資源の枯渇、社会的なストレス、異常気象などに生存の危機、の6項目にまとめられている。そしてコンセプト・ペーパーは、このような文章で締めくくられている。

「9. 紛争を直接引き起こす要因は、いまなお国家や地域次元での武力闘争、イデオロギー対立、民族的・宗教的・国家間の緊張、深刻な経済的・社会的・政治的不平等であるのかもしれない。**しかし、気候変動の影響がここに加重されることで、これらの紛争がさらに悪化し、とくにすでに紛争に巻き込まれやすい状態にある国のリスクをさらに増大させる恐れがある**（原文はゴチック）。統治能力や政治プロセスが脆弱で、利害対立がうまく調停できない場合がそのような例である。

10. このような観点に立つと、一部の発展途上国は、とくに気候変

動の影響に対して脆弱であるだけでなく、この問題に対処する能力を著しく欠いている事実に注目する必要がある。これらの地域に該当するのは、サヘル、アフリカの角、中東の一部、アジア・大洋州の一部であり、これらの国々はすでに不安定な状態で、場合によっては、慢性的に、もしくは最近、紛争が生じている。」

この最後の指摘は、「気候安全保障ディバイド climate security divide」と呼ばれはじめている。

安保理のまる1日を充てたこの自由討議には、日本を含む55カ国が意見をのべた。気候安全保障論という考え方に対して、海面上昇で領土が縮小してしまうかもしれない島嶼諸国、そしてフランスなどEU諸国はイギリスの考え方に賛成したが、アメリカはこの概念にまったく言及しないで、拒否の態度を間接的に表明した。正面から拒否したのは中国であった。劉振民・中国国連代表部領事はこう述べた。

「気候変動は安全保障的意味合いが含まれているかもしれないが、一般的に言えば、本質的に持続ある発展の問題である。……気候変動への効果的な対応は、国連気候変動枠組み条約として設定された"共通だが差異ある責任"の原理に従い、既存制度の合意、協力の強化、一段の行動の強化が必要である。……気候変動を安保理で議論することが、影響緩和で努力する国を助けることにはならないだろう。効果的な適応策を求めている気候変動の影響を受ける発展途上国を、安保理が支援することは困難である。気候変動の議論は、すべての国の参加が許された枠組みにおいてなされるべきである。発展途上国は、安保理が気候変動を扱う専門家も、広範な参加国に対する決定権をももたないと信ずる。それは、多くの国が受け容れ可能な提案を生み出すのには役立たないだろう。発展途上国が抱くこの懸念は、完全に理解され尊重されるべきである。われわれの見解では、この会合の討議は、一切の文書もフォローアップ行動も伴

わない、完全に例外的なものとみなされるべきである。……」

　この中国の反対論は大きな影響力をもち、安保理として文書や声明をまとめようとする動きは起こらなかった。イギリスやEUが構想した、温暖化問題を安全保障の文脈にくみこむ（安全保障化：securitization）試みはこれで頓挫したように見えた。しかし、欧州社会は同じ認識に立ち始めていた。この年の11月、ノーベル賞委員会は、07年のノーベル平和賞受賞者に、IPCCとアル・ゴア元米副大統領を決定した。気候変動が安全保障問題であることを、ノーベル委員会が正面から認めたことになる。

　気候安全保障の議論は、国連総会におけるその後の議論で、これは国連全体が受けとめるべき課題であるという認識に達した。そして09年6月11日の決議（63/281）「気候変動とその安全保障への含意の可能性」で、国連事務総局に対して報告書作成を求めたのである。これを受けて事務総局は09年9月11日に、同名の報告書「気候変動とその安全保障への含意の可能性」を発表した。図18（口絵参照）は、これにある、気候変動と安全保障の脅威に関する因果関係の連鎖図である。

　ここでは、温暖化が脅威となる道筋を5つの流れに整理している。第一は、もっとも脆弱な位置にある人びとの生存が、温暖化によって直接脅かされる恐れである。これは人権問題に該当する。第二は、温暖化によって経済成長が停滞することで貧困がより深刻化し、政治的安定が維持できなくなる危険である。第三は、温暖化の適応策に失敗して社会的秩序が崩れる恐れである。第四は、島嶼諸国が水没する危険にさらされ、国家の存立そのものが脅かされ、諸国喪失（stateless）による難民の発生や、排他的専管水域に関する紛争が生じる危険である。第五は、温暖化によって自然資源が枯渇したり、逆に、自然資源へのアクセスが可能になったりすることで、国際紛争が生じる危険で

ある。前者は水資源の減少や枯渇による紛争、後者は温暖化の進行によって、北極圏で資源開発や新航路の開拓が可能になって国益がぶつかりあう可能性が出てくる。

これらのほとんどは理論的な可能性のもので、実証されてはいないのだが、この連鎖によって紛争が拡大したり、軋轢が生じたりする恐れがある以上、これを予防し、最小に抑えることが国連の役割であるのは明らかである。この方向の議論は、国連システムを21世紀の課題に合致させるための改革の指針の一つと考えられている。

気候変動と地域紛争の具体例としてよく挙げられるのは、アフリカである。実は、安保理の自由討議が行われた直後の07年6月に、UNEPが『スーダン：紛争後の環境アセスメント』という350ページにわたる報告書を発表した。21年間続いたスーダン内戦を環境という面から総合評価したものだが、結論は、紛争の激化と環境条件の悪化が相互に深く関係している、という事実である。人口増大の圧力と部族間の歴史的な対立によって、政府機能を崩壊させ、土地の劣化・森林の過剰伐採・砂漠化が進行し、この環境の悪化がさらに対立をあおるという悪循環がはっきり起こっており、さらに、これを促進させている要因として地球温暖化が否定できない、というものである。スーダン西部のダルフールの疲弊はその典型で、この問題は06年10月26日の演説でベケットも言及している。また南アジアの例では、80年代に起こったバングラデシュ・トリプラ州とインド・アッサム州の間での紛争がよくあげられる。約1,000万人のベンガル人が、洪水による耕作地の劣化や喪失、不平等な土地制度が原因で、国境を越えてインド側に移動し、これによって地域紛争が発生した。

また海面上昇によって島を放棄する決定が、実際に下されている。06年6月6に行われたワークショップ「海面上昇とその変異についての理解」の冒頭で、世界気象機構（WMO）のM.ジャーロード事

務局長はこう述べている。「……これらの評価（21世紀末には海面が28cm〜34cm上昇するという最近の予測のこと）の不確実性をさらに小さくすることがなぜ重要なのか。今日でもなお、環境難民の概念については、移住を引き起こすさまざまな社会経済的要因や環境的要因についてと同様、議論があるところではある。しかし、すでに太平洋の一部の島嶼では、海面上昇とその変動を理由に、島々から人々を撤退させる決定が下されているからである。たとえば、パプアニューギニアのカールテレト島から大きなボウガインビレ島に、ここ1〜2年中に移住する決定がなされた。カールテレト島はこうして放棄され、1999年に起こったキリバスのテブア・タラワアとバヌエアの二つの島のように、間もなく水没してしまうだろう。また、サンゴ礁からなる国であるツバルの場合、状況は極端に深刻である」。

海面上昇によって国家が消滅する恐れのある場合の難民については、国連難民高等弁務官事務所が09年5月20日に「気候変動の文脈における強制移住：国際法の下の新しい課題」を公表し、故国喪失・無国籍化となる人々（statelessness）に関する、国際法上の枠組みと問題点を提示した。

「脅威一定の法則」再論

気候変動問題を、温暖化の対応策の次元としてではなく、国際戦略上の安全保障の問題として位置づけ直そう（securitization）とする動きは、国際政治の本流である核軍縮についての議論の変化と、微妙に、しかし確実に呼応している。安保理で気候変動と安全保障の自由討議が行われた07年年頭の『ウォールストリート・ジャーナル』（07年1月4日付）に、ジョージ・シュルツ、ウィリアム・ペリー、ヘンリー・キッシンジャー、サム・ナンの4名連記の、核兵器なき世界を呼びかける

重要な論文が掲載された。シュルツは82年〜89年の国務長官、ペリーは94年〜97年の国防長官、キッシンジャーは73年〜77年の国務長官、ナンは長く上院国防委員会委員長をそれぞれ務めた、アメリカの核戦略を扱った重要人物ばかりである。この論文は冒頭からこう切り出している。

「今日、核兵器は恐ろしく危険な状態にあるが、それはまた歴史的な好機でもある。世界を次の段階に進めるために、アメリカのリーダーシップが求められている。それは、世界が核兵器に依存するのをとりやめ、世界に対する核兵器の脅威を究極的に終了させるという堅い合意を形成することである。それはまた、核兵器が潜在的に危険な勢力の手中に拡大するのを阻止する、という重大な寄与をもたらす。核兵器は、冷戦時代を通して、抑止の手段であったのであり、国際的な安全保障を維持するためには本質的なものであった。冷戦の終焉によって、米ソ間の相互抑止の原理は無効になった。核抑止は、多くの国にとって他国からの脅威に対する相対的な思考としてなお継続している。しかし、この目的での核兵器への依拠は、ますます危険でかつ効果的なものではなくなっている。

最近の北朝鮮の核実験と、イラクによる兵器級ウラニウム濃縮計画の停止拒否は、いまや世界は、危険な核の新時代に入った事実を示している。もっとも警戒すべきは、国家としてではないテロリストが核兵器を手にする危険性が増していることである。テロリストによって世界次元でなされる今日の戦争では、核兵器は大量殺戮のための究極の手段である。核兵器を保有する、国家ではないテロリスト集団は、概念的に、核抑止戦略という連携の外に位置し、非常に困難な新しい安全保障問題をわれわれにつきつけている。……」

こう指摘した上で、冷戦末期、レーガン大統領とゴルバチョフ書記長が86年10月にアイスランドのレイキャビクで会談した折、もう少

しで、核兵器全廃で合意するところであったことを思い出させ、その上で、現在の核軍縮の作業を、核廃絶という大きな目的に沿うものに組み換え、すべてを加速させるべきだと主張した。86年といえば核配備が最大になった時点である。そして、この方向に指導力を発揮することが「アメリカの倫理的遺産 America's moral heritage」にかなうことだ、と指摘した。核戦略を動かした当事者としての、非常に現実的な核兵器についての解釈であり、それと同時に、01年9月11日の同時多発テロ後のアメリカにとっての脅威の認識のあり方が率直に吐露されている。

この呼びかけにまず応じたのは、前述のベケット英外相であった。外相を離れる直前の07年6月26日、ベケットは核不拡散に関する会議の演説でこう述べた。この論文の意図は全面的に支持するが、現在、核兵器全廃にむけての外交的枠組みがない以上、イギリスは独自の核抑止力を保持せざるをえない。核削減と核不拡散の枠組みはさらに加速すべきであるが、われわれが生きているうちに核兵器が全廃されるのは疑わしい、と。

この2年後、09年4月5日にオバマ大統領がプラハで行った核廃絶演説は、この流れを踏まえたものであるのは明らかである。オバマはこう述べる。

「……20世紀にわれわれは自由のために立ち上がったように、われわれは21世紀において、どんな場所にいる人々も恐怖から自由な生活がおくれる権利のために、ともに立ち上がらなければならない。そして核兵器を使用した唯一の核保有国として、アメリカは行動をおこす倫理的責任がある。……今日、私は、核兵器なき世界の平和と安全保障を求めて、アメリカが確信をもって行動を起こすことを明言する。私はナイーブではない。この目的は速やかには達成されないだろう。おそらく私が生きている間は。そのためには忍耐

と粘り強さが必要である。今われわれは、世界は変えることはできないという声を無視する必要がある。……」

この年の秋、09年ノーベル平和賞にオバマ大統領が選ばれた。07年のIPCCとアル・ゴアの受賞と09年のオバマの受賞の二つは、いわば、「温暖化問題の安全保障化」と、「核抑止の廃絶論」に対してである。これは、二つの地球大の脅威についての概念の変換であり、その間には呼応関係があると見るべきであろう。冷戦当事国であったアメリカとロシアは、ともになお大量の核兵器を保有し続けており、「悪性の脅威」に強く関与し、それゆえの足枷がはまっている。これに対して、「悪性の脅威」への関与が小さいEUやイギリスが、次の人類共通の課題として温暖化という「良性の脅威」を高く掲げ、CO_2排出削減目標の設定で外交上の「倫理的高地」を得ようとするのは、当然の選択と言ってよい。一方でイギリスは06年末の白書で、最低限の独自の核抑止力を少なくとも2020年までは維持することを決めている。冷戦終焉から20年を経て、世界は、「脅威一定の法則」という基本原理が再び機能する曲がり角に入ったようなのである。

温暖化と北極の安全保障

地球温暖化に伴う安全保障問題に関しては、北極について論じないわけにはいかない。北極海は過酷な自然条件に加えて、冷戦時代は米ソの直接対峙の場であったため、経済的にはまったく注目はされてこなかった。北極海を自由に行動できるのは、厚い氷の下を長期間航行できる原子力潜水艦だけであった。しかしIPCCは初期から、地球温暖化の影響が最も顕著に現われるのは北極だと予測してきており、実際、北極圏の平均気温は上昇し、夏の氷の面積は減少傾向にある。この結果、21世紀に入ると、北極圏における開発の可能性が現実味

を帯びてきた。具体的には、夏期における北極海航路の開設、北極海での石油・ガスの採掘などである。こうなると国益がぶつかりあうのは確実で、軍事的緊張が生まれる恐れもある。

　北極海航路の可能性については、すでに09年夏に、ロシアのタンカーが砕氷船に先導されて、ロシア北極海沿い経由で、中国の港に入港するのに成功した。この航路が実際に開かれるとなると、東アジア経済圏とEUとの間の航行距離は、スエズ運河経由に比べて、3分の2に短縮される。

　北極海を、冷戦の海から、平和協力のシンボルに変えようとする試みは、冷戦末期の87年10月1日にコラ半島の軍都ムルマンスクで、ゴルバチョフ書記長が行った「ムルマンスク演説」が発端になっている。ゴルバチョフは、それまでのソ連の指導者とはまったく異なって、この演説で、軍事対立を改めることを西側に正式に呼びかけた。この演説で具体的に挙げたのは、北極圏の非核化と資源開発、科学的な国際共同研究、環境保全の国際協力、北極海航路の開発とその国際管理を、西側に提案した。この2年後に冷戦が終わり、さらにソ連が崩壊したため、北極を平和の海にするというムルマンスク構想はたち消えになってしまった。

　ところが21世紀に入って温暖化の影響が明確になると、ゴルバチョフの描いた開発構想ががぜん現実味を帯びてきた。北極海路の開発とその国際管理、北極圏における環境保全と資源開発、領土問題などに関して、関係国が明確な主張を展開するようになり、利害調整が必要になってきている。

　冷戦直後、まず実現したのは政治的な問題の少ない、北極圏で生活する原住民の地位保全と環境保護であった。89年9月にフィンランドの呼びかけで、ロバニエミに北極8カ国であるカナダ、ロシア、デンマーク（グリーンランド）、ノルウェー、アメリカ、フィンラン

ド、スウェーデン、アイスランドの外相が集まり、話し合いを始めた。これは91年6月に「北極環境保護戦略 Arctic Environmental Protection Strategy」として合意に達した。ここには3つの原住民代表も参加している。このロバニエミ合意は96年に「北極評議会 Arctic Council」に移行し現在に至っている。北極評議会の弱点は、正式の条約に基づくものではないことと、その経緯から、環境問題を対象とするものであることである。北極評議会の成果は、いくつか重要な研究報告をまとめたことにある。具体的には、北極環境報告（97年）、北極気候変動評価報告（04年）、北極人間開発報告（04年）、北極石油ガス資源報告（08年）、北極海航行評価報告（09年）がそれである。

ところがこれらの報告によって、石油・天然ガスが豊富に埋蔵されている可能性が明らかになると、北極評議会以外のメンバー国が強い関心を持つようになった。北極評議会にはオブザーバーとして、フランス、ドイツ、オランダ、ポーランド、スペイン、イギリスの欧州諸国が参加しているが、最近になって、暫定オブザーバーとして、EU、中国、日本、韓国が加わった。とくに08年5月にアメリカ地質調査所（US Geplogocal Survey）が、北極圏に石油・天然ガスが豊富に埋蔵されている（石油：9,000億バレル、天然ガス：47.3兆m^3）とする評価報告をまとめて以降、世界の関心は一気に高まった。たぶん、温暖化の進行で最大の利益を得る国は、さまざまな意味でロシアであろう（表12）。

このように北極海の資源的価値が注目されるようになると、これまで氷に閉ざされ経済的価値がないと思われて棚上げにされてきた領土・領海問題が、当然、浮上してくる。ただし、北極海の中心部分は沿岸国の200海里排他的経済水域（EEZ）外の公海として、国連海洋法条約が適用されることは、北極評議会で確認済みである。

表12　北極における石油・天然ガスの埋蔵量

地域	調査者	石油	天然ガス
北極圏	アメリカ地理局	9,000億バレル	47.3兆m^3
ビューフォート海	カナダ北西域政府	—	99兆m^3(推定)
ロシア陸上	米エネルギー省	6,000億バレル(確定)	47.3兆m^3(確定)
ロシア北極海域	ロシア政府	300億バレル(確定) 6,770億バレル(推定)	7.7兆m^3(確定) 88.3兆m^3(推定)
ロシアが領有を主張する北国圏	ロシア政府	5.86兆バレル	

(A.Cohen, L.Szaszdi & J.Dolbow, *Backgrounder*, No.2202, Oct.2008, The Heritage Foundation)

　北極海沿岸5カ国（ロシア、デンマーク、ノルウェー、アメリカ、アイスランド）のうち、アメリカだけは議会上院での国連海洋法条約の批准審議が進んでいないため、北極海における国際法上の地位に違いが出ている（表13）。

　そのなかでロシアは、97年に海洋法条約を批准した後、北極点を含む1.2億ヘクタールを、EEZに属す大陸棚だとして、海底測量図を添えて国連事務局に申請することを決めている。07年には北極点の海底にステンレス製のロシア国旗を置く、デモンストレーションを行っている。また、EEZ内にある北極海航路をロシアの主権下にあると宣言しており、カナダも、北西海路（Northwest Passage：大西洋からグリーンランド島とバフィン島の間を北西に抜けて北極海にでる航路）をカナダの主権下にあると宣言し、他の国と対立している（図

表13　北極評議会と北極圏の国際関係

北極評議会8カ国	カナダ	ロシア	デンマーク	ノルウエー	アメリカ	フィンランド	スウェーデン	アイスランド
北極海沿岸国	○	○	○	○	○			
国連海洋法条約	批准	批准	批准	批准		批准	批准	批准
大陸棚のEEZ申請	未申請	北極点を含む1.2億haなど	未申請	西ナンセン湾など	法的根拠ない			

オブザーバー：フランス、ドイツ、オランダ、ポーランド、スペイン、イギリス
暫定オブザーバー：中国、EU、イタリア、日本、韓国

　89年9月、フィンランドのロバニエミに北極8カ国（北極海沿岸国5カ国、北極圏国3カ国）の外相が集まり、環境保護について話し合いを始め、これは91年6月に「北極環境保護戦略」として合意に達した。ここには3つの原住民代表も参加している。ロバニエミ合意は96年に「北極評議会」に移行し現在に至っている。北極評議会の弱点は、正式の条約に基づくものではないことであるが、いくつか重要な研究報告をまとめている。ところがこれらの報告によって、石油・天然ガスが豊富に埋蔵されている可能性が明らかになると、北極評議会以外のメンバー国が強い関心を持つようになった。北極評議会にはオブザーバーとして、フランス、ドイツ、オランダ、ポーランド、スペイン、イギリスの欧州諸国が参加しているが、最近、暫定オブザーバーとして、EU、中国、日本、韓国が加わった。北極海の公海部分は、国連海洋法条約が適用されることが北極評議会で合意されているが、アメリカが未批准であるため、その法的地位に違いがあり、潜在的な問題を抱えている。

19）。

　北極海沿岸5カ国は相互に多くの領土・領海問題をかかえている。カナダを軸にとると、ハンス島とリンカーン海でデンマークと、ビューフォート海でアメリカと、ロモノソフ海嶺でロシアとデンマークとの間で、さらに北西海路の管轄権も含めて争いがある。このため、北極圏における軍事力強化の動きがあり、たとえばカナダは砕氷船の建設を含む国防予算の強化を決めている。だが国際緊張を抑えているのが、これまでに蓄積されてきた環境保全や科学研究における国際協力である。実は、とくに先進国間においては、信頼醸成措置としての国際共

図 19　北極海航路

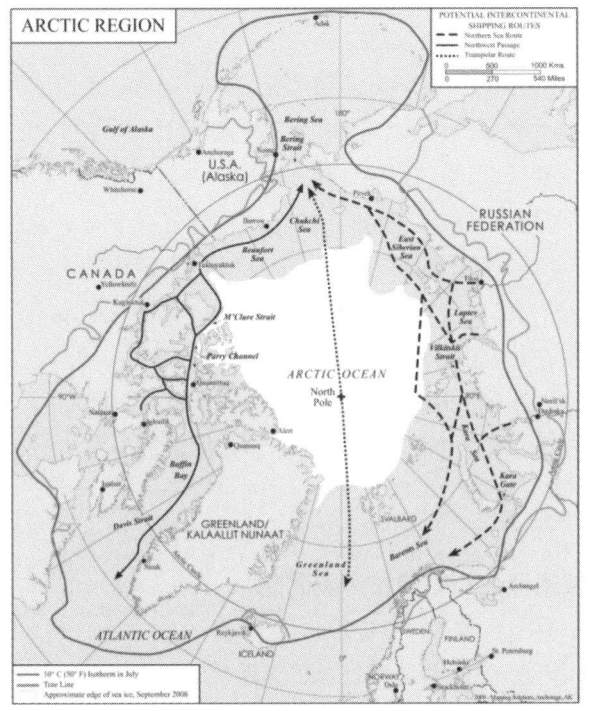

F.Griffiths : *Towards A Canadian Arctic Strategy*, 2009, Canadian International Council.

　北極海航路の定期化の可能性については、09年夏にロシアのタンカーが砕氷船に先導で、ロシア北極海沿いにで、中国の港に入港するのに成功など、いくつかの航海によって実証されている。この航路が実際に開かれるとなると、東アジア経済圏とEUとの間の航行距離は、スエズ運河経由に比べて3分の2に短縮される。ロシアはこの回路はロシアの主権管理の下にあると宣言している。また、アメリカ東海岸から、北西大西洋を北上し、カナダ、アラスカ沿岸をへてベーリング海に抜ける航路も開かれる可能性がある。この北西海路も、カナダが自国の主権管理下にあると宣言しており、アメリカなどと見解を異にしている。

同研究の意味はたいへん大きい。この北極における国際共同研究の先行モデルとなっているのが、南極という7大大陸の1つをまるごと科学委員会が管理してきた実績である。

北極海航路の開設可能性と北極開発に強い関心をもっているのが中国である。中国にとって北極海航路が開かれれば、EUともアメリカ東海岸とも航路は大幅に短縮され、輸出がさらに拡大する可能性がある。すでに北極海航路の開発を見越して、アイスランドで最大の大使館を建設している。中国を含め多くの国が、北極の基本問題が北極評議会8カ国のみによって決定されることに、不満をもっている。中国は北極問題に関与する政策を早くからとっており、93年にウクライナから排水量21,000トンの世界最大級の砕氷船を購入し、94年から極地研究を本格化させている。13年からは新造のハイテク砕氷船も投入する計画である。

冷戦遺産としての核汚染問題

実は、北極海の安全保障問題は、温暖化問題とは別に、冷戦時代の負の遺産である大規模な核汚染の問題を避けては通れない。北極海が、人手に触れていいない未知の美しい自然であるというのは、まったくの幻想である。日本では、北極圏での深刻な核汚染問題について議論されることはほとんどないが、この問題は、東日本大震災後によって、チェルノブイリ級の原発事故を起こしてしまった、東京電力福島第一原子力発電所事故とも深い関係がある。

高レベル放射性廃棄物については、72年のロンドン海洋投棄条約で、水銀、カドミウムなど有害廃棄物とともに、船から海洋に投棄することが禁止された。83年に、低レベルを含む放射性廃棄物投棄の全面禁止案が提出されたが、主要国の反対が強く、かろうじて自発的

モラトリアムのかたちで合意にこぎつけた。だが93年3月、ロシア海軍が日本海で低レベル放射性廃棄物を密かに投棄している現場がグリーンピースによって押さえられると、日本政府は即座にロシア大使に抗議した。そしてその年の11月のロンドン条約の第16回専門会合で、日本はアメリカ、ノルウェーとともにロシアを説得して、低レベル放射性廃棄物の全面投棄禁止を、全会一致の採択に持ち込んだのである。

　核廃棄物の海洋投棄という問題は、冷戦の負の遺産という性格がきわめて強い。継続的な海洋放出を行っていたのは、冷戦時代のイギリスのセラフィールド核兵器工場が典型である。しかし、桁外れに大規模な海洋投棄を繰り返していたのは、旧ソ連であった。ソ連の崩壊直後、エリツィン新大統領が最初に手がけたのは、ロシア近海にどの程度の核廃棄物が投棄され、これに対応する費用はどの程度か、調べることであった。92年10月24日（ロシア語）に公表された政府白書（ヤブロコフ報告）によって、旧ソ連軍は軍事機密と北極圏という無人地域であるのをいいことに、かつて水爆実験を行ったノバヤゼムリア島周辺のバレンツ海とカラ海に大量の核廃棄物を投棄してきたことが明らかにされた。ヤコブロク報告によると、この海域に少なくとも16基の原子炉が捨てられ、うち6基は核燃料が入ったままであった。これ以外にも大量の高レベル核廃棄物、低レベル核廃棄物がバレンツ海に捨てられた。この公式報告とは別に、R.Vartanf & C.D.Hollister の論文（*Marine Policy*,Vol.21,p.1, 1997）によると、冷戦時代に事故で世界中の海底に沈んだ核兵器は50個（うちソ連の遺失が43個）、原子炉は7基にのぼる。これとは別に、北極海に捨てられた原子炉は22基で、うち13基からは核燃料は抜かれないままであった。ただし、その後のモニタリング研究によって、北極海の表面の核汚染は、主要河川によって運ばれてくる上流の核関連施設の廃液によるものが主な原因で

あることが判明している。北極圏での核汚染と、生態濃縮や人体への影響が懸念され、波状的に調査が行われてきてはいるが、はっきりした結果はでていない。結局、旧ソ連とロシアが海洋に投棄した総放射能量は、少くとも92ペンタ・ベクレル（ペンタ＝10^{15}）にのぼると推定され、これはIAEA（国際原子力機関）が把握している他国の全投棄量の２倍に相当する。

そもそも冷戦体制とは"準臨戦態勢下"にあったことを意味しており、核汚染対策の意識は極めて低かった。軍事的な核汚染・核廃棄物の処理問題は大規模であるため、96年にアメリカ・ロシア・ノルウェーの３国の間に、「北極軍事環境協力 Arctic Military Environmental Cooporation：AMEC」プログラムが結ばれ、相互に調整をしながら、旧ソ連の軍事施設の核汚染処理を行っていくことが決められた。冷戦後、アメリカはロシアに対して「脅威削減協力プログラム Cooperative Threat Reduction（CTR）Program」を行ってきており、AMECによって３国で共有される情報は、その北極圏内での環境対策の部分である。

CTRプログラムは、文字通り「脅威を削減」する目的で、冷戦直後の疲弊したロシアに対して、アメリカが支援する政策である。上院議員のS.ナンとR.ラガーが91年に成立させた「91年ソ連核脅威削減法（ナン＝ラガー法）」を発端とするもので、90年代以降、国防総省の予算から毎年４億ドル程度が、戦略的核弾頭の削減・核兵器の解体・核物質の保護・使用済み核燃料の保護・国際間移動の監視などのために、ロシア・ウクライナ・カザフスタン・ベラルーシに対して拠出されてきている。実は日本も、極東配備の老朽化した原潜80隻のうち、ウラジオストク港に係留されていた６隻を、総額58億円を出して処理している。東日本大震災によって東京電力福島第一原発が大事故を起こしたのに対して、ロシアは、日本が供与した核廃棄物の処

理装置を貸し出そうと提案したのである。

　繰りかえし力説するが、20世紀後半の世界を決定づけたのは冷戦であった。それは政治的には資本主義vs.共産主義というイデオロギー対立を基盤とし、軍事的には核兵器による相互威嚇の体制であった。そのなかで日本社会は、あたかも数万発の核兵器が存在していないかのような世界解釈をビルトインさせたまま、ポスト冷戦時代に抜け出た唯一の先進社会なのである。最終章でも触れるが、その日本が、冷戦終焉22年経たとき、東日本大震災と巨大津波に不意打ちで襲われ、大量破壊兵器による攻撃をうけたような光景にさらされ、さらに福島原発事故によって核汚染対策と長期に格闘していかなくてはならなくなった。この事態は、他先進国であれば核戦争に対する民間対応のプログラムと無理なく重なる、非常時体制を適用する事態であった。ところがよりにもよって、日本はその1年前に戦後初めて本格的な政権交代を実現させ、核戦争の対応や軍事力の発動のイメージからはもっとも遠い、民主党の鳩山政権・菅政権をもったところなのである。

第7章

コペンハーゲン合意とその後
―― 露出した分水嶺

コペンハーゲン合意──首尾よき失敗

　09年12月7日〜18日の2週間にわたって、デンマークの首都コペンハーゲンで、COP15が開かれた。COP15において決着すべき重要な交渉内容は、その2年前の07年12月、インドネシアのバリで開かれたCOP13における決議「バリ・ロードマップ」によって、厳格に決められていた。

　外交は、国家と国家との間の取り決めであり、国家のさらに上位にたつ至高権力は存在しない。このような場で合意に至らない場合は、互いに枠をはめる形で、決着をつけるべき事項（アジェンダ）とその期限（ロードマップ）を設定し、問題を先送りにして一歩一歩進む以外にはない。この常道に沿った「バリ・ロードマップ」によって、COP15中に、京都議定書の第Ⅰ約束期間（2008年〜2012年）以後の国際法的な枠組みを決定することになっていた。条約内条約である議定書の性格から、各国の批准や発効までの時間を逆算すると、COP15までに2013年以降の国際法的枠組みについて合意することが、最終期限と考えられていた。

　だが、COP15のための準備会合で各国担当者が協議を重ねても、新議定書案の姿はまったく見えてこなかった。このため早い段階から、COP15での京都議定書後の枠組みについての合意成立を、絶望視する意見が大勢となっていた。担当官僚レベルでの折衝で案がまとまらないのなら首脳が集まって決着を図る以外にはない。こうしてCOP15は、自ずと各国首脳が集まる「コペンハーゲン・サミット」の形をとることになった。実際、コペンハーゲンには2万7,000人におよぶ、さまざまな組織の代表が集まった。うち1万500人は190の国や地域の代表で、そのなかには129人の首脳の姿があった。会場に

充てられたベラ・センター（Bella Center）は、この種の規模の集まりに応じられるものではなかったため、会議後半には、NGO メンバーには大幅な入場制限が課せられるようになった。

　各国の首脳が集まらざるを得ないという交渉形態だけを見ても、95 年のベルリン会議（COP1）以来、温暖化交渉を支配してきた規範がこの時点で変質したのは明らかであった。そして図らずも全体の文脈の変化は、COP15 の最終日、12 月 18 日夜、各国首脳が集まった部屋で繰り広げられた光景に色濃く反映されることになった。それまでに営々と積み上げられてきた、ガラス細工のような交渉枠組みに対して、中国が徹底的に抵抗したからである。COP15 直後、欧米首脳からは中国非難の言葉が相次いで漏れてきた。

　しかし COP15 で表出した交渉図式の変化は一過性のものではないし、一見、横暴とも映る中国の行動の背景を分析すると、ある種の必然性をもっていたことが判る。

　国際関係はいま、20 世紀後半の世界秩序を形作った冷戦体制が崩壊して以降、20 年の移行期を経て、また次の基本構図が描かれようとする移行期にある。そして、この 20 年間にひたひたと進行していた構造的変動が、温暖化交渉のテーブルにおいても、否応なく顕在化した。むろんその重要要素の一つは「チャイナ・プロブレム」である。「中国の行動原理をどのようなものと認識し、この国が国際政治の主要なアクターとして 21 世紀世界にふさわしい振舞いをするよう、どう働きかけていくのか」という問題である。本書でも最終章で、地球温暖化という重要課題に関して、日本は中国とどのような関係を構築していくべきか、考えてみたい。

　ところで、わずか 3 ページのコペンハーゲン合意は、「コペンハーゲン緑の基金」と呼ばれる資金問題を除くと、以下のような内容である。

気温上昇を2℃以内に抑えられるよう、温室効果ガスの排出削減を目指す。ただし、そのための削減目標は各国の自主裁量に委ねる、というものである。この合意書の最後に空欄の付表がついており、2010年1月末までに、条約付属書Ⅰ国（いわゆる工業国）はこの欄に、2020年までの削減幅とこれを算定する基準年を書き込むことが求められている。また、付属書Ⅰ国ではない発展途上国は、義務ではなく自発的に、国内で採用する温暖化対策を別の欄に書き込むことになっている。

COP15は、バリ・ロードマップにある、「2013年以降の実効ある枠組みについて2009年までに合意し採択すること」が達成できなかったのだから、失敗であったと言う他ない。しかもこの合意文書は、最終日の全体会合で採択することすらできず、「COP15は18日のコペンハーゲン合意に留意する (take note) こと」を了承する形になった。「案文の作成過程が不透明」との理由で反対するわずか6カ国（ボリビア、キューバ、ニカラグア、スーダン、ツバル、ベネズエラ）によって決議が阻止され、拘束力のない政治文書にとどまることになった。ところで、COP15においてスーダンは、突出して中国に近い立場をとることで異彩を放っていた。

国際会議の評価を難しくするのは、会議参加者がみな何らかの意味で利害当事者であり、失敗という現実を認めたがらないことである。しかし、COP15は「首尾良き失敗 successful failure」という範疇に入るものである。コペンハーゲン合意は、COP15決裂という最悪の事態を避けるために、公式の交渉過程の外側で、参加国の体面を崩さない程度の、最低限の合意内容をとりつけたものである。

そもそも国際政治空間は、一方で理想主義的な大義を掲げながら、他方で国益確保を争う場である。国際平和を掲げながら、同時に国家存立のための軍事力を堅持し、国益の実現を目指す「ダブル・トーク」

の場である。このような観点からすると、コペンハーゲン合意は、地表の気温上昇を2℃以内に抑えるという極端に理想主義的な目標を掲げる一方で、温室効果ガスの削減策については各国の自主裁量に委ねるという、典型的な「ダブル・トーク」の形をとっている。国際合意とは、関与した国家の意思の合理的な集約である。

中国は壊し屋か？

　COP15が分水嶺であったことは、関係者証言と関連研究を総合すれば明らかである。COP15終了直後、この会議が失敗した理由として、当初、環境NGOが、先進国と発展途上国との鋭い対立、なかでも、国内の政治状況から大胆な約束を切り出せなかったオバマ米大統領に責任があるとする、それまで定番であったアメリカ非難のコメントを出した。ところが、これを真っ向から否定したのが『ガーディアン』紙のM.リマス記者である。会議終了直後の12月22日付同紙の記事、「いかにして中国はコペンハーゲン合意を破壊したか。私はその場にいた」において、リマス記者は、コペンハーゲン合意が無残な結果になった理由は、一にも二にも中国による破壊的行動であったと指摘した。この記事は、最終日の12月18日に、主要国首脳が集まったドアの内側で、どのようなやりとりがあったかを生々しく伝えている。リマス記者は某国政府随行員の資格で、一般人が入室を禁止された交渉の場に臨席していた。この記事以降、COP15において中国が尋常ではない反対工作をしたこと、これ以降、温暖化交渉の脈略は変質したことが、世界共通の認識となった。

　それにしても、ガラス細工のようなバランスの上に築きあげられてきた国際了解を、中国はなぜ破壊する必要があったのか？　そもそも付属書Ⅰ国に対してCO_2排出大幅削減を迫ってきたのは、中国など

の発展途上国の側ではなかったのか？

　この疑問に関して、オーストラリア・メルボルン大学のP. クリストフは、「コペンハーゲンの冷たい気候：COP15における中国とアメリカ」（P. Christoff, *Environmental Politics*, Vol.19, p.637, 2010）という論文で、詳細な情勢分析を行っている。この論文を軸に、COP15の後半に何が起こったか再現してみよう。

　COP15に入っても、その前半は、作業部会において、各国代表によって新議定書案の取りまとめが行われていた。しかし、12月15日にヘデガールド・デンマーク環境相（COP15の最初の議長）に提出された最終案は、未確定であることを示すカッコだらけの状態のものであった。さらに、議長案が初日の段階でガーディアン紙に漏れてしまうなど、デンマークによる議事進行の不手際もあって、COP15は暗礁に乗りあげていた。

　そんななか、最終日12月18日の午前、コペンハーゲン入りしたオバマ大統領は、会議の決裂を避けるため、新たな合意案をとりまとめ始めた。オバマ大統領はまず、温家宝・中国首相、シン・インド首相、ダ・シルヴァ・ブラジル首相、ズマ・南アフリカ大統領との間で個別に会談し、コペンハーゲン合意の素案について話し合った。これらの4カ国は、主要新興排出国（major emergent emitters）、あるいはBASIC（Brazil、South Africa、India、China）と呼ばれ、近年の経済成長によってCO_2排出量が著しく増加している非付属書Ⅰ国である。すでに07年に、中国はアメリカを抜いて世界最大のCO_2排出国となっており、まず、最大の排出国どうしが協議をするのは、ある意味、自然な流れではあった。だがそれは、長年の交渉の積み重ねの結果であるバリ・ロードマップの外側で、温暖化に関して新しい合意が作られることを意味した。それは、温暖化交渉の主要プレイヤーであることを自認し、新しい合意書が作られるとしても、それに関与するのは当

然と考えていた、EU、日本、ロシア、サウジアラビアなどにとっては衝撃な事態であった。

オバマ大統領は、個別会談という手続きを踏んだ上で、18日夜、特別室にブラウン英首相、議長役のラスム・デンマーク首相など約20カ国の首相、潘基文国連事務総長など主要プレイヤーを集めて、最終案文の詰めに入った。ところがその場に温家宝首相は現われず、何亜非・外務次官補を遣した。何次官補はオバマ大統領の前に陣取り、数十人の首脳の前で「ノー」を言い続けた。さらに時間がたつと、中国はより格下の于慶泰・外交部温暖化交渉担当官に代わり、ことあるごとに携帯電話で上司の指示を仰ぎながら、懸案の項目に関して、首脳テーブルに向かって「ノー」を回答し続けたのである。新参者である日本の鳩山首相の存在感はゼロに近かった。

そもそも中国が、コペンハーゲン・サミットに最高権力者である胡錦濤総書記ではなく、ナンバー2の温家宝首相を送り込んできたこと自体、各国首脳に対して侮辱的な雰囲気を漂わせるものであった。結局、中国は、コペンハーゲンに集まった首脳たちに、貴重な時間を浪費させただけであった。ことにオバマ大統領が、はるか格下の中国官僚を相手に何時間も席に縛りつけられたのは、この上ない無礼であった。

バリ・ロードマップでは、京都議定書以降の枠組みを討議するにあたって、とくに配慮すべき点として、排出削減に関する参加国全体の長期目標、先進国による計測・報告・検証可能（measurable, reportable, verifiable）な削減策の約束、途上国における計測・報告・検証可能な対策などについて、議論することが規定されていた。実際、COP15の早い段階でリークされて、没になったデンマーク草案（議長案）には、中期目標である2020年と、長期目標の2050年の削減幅について、具体的数値を入れることを前提とするものであった。オバ

マ大統領がまとめようとしていたコペンハーゲン合意の草案も、夜10時半までの段階の文案には、付属書Ⅰ国はその総排出量を、90年基準で2020年までに25〜40％削減、2050年までには加盟国全体で50％削減、そのうち議定書Ⅰ国は80％を削減する、という目標数値が入っていた。ところが、中国はインドとも組んで、これらの排出量や目標年に関する具体的数値をすべて削除すること要求した。これに対しては、さすがにドイツのメルケル首相が、「なぜ、自分の国の数値目標を言うことすら許されないのか！」と、怒りをぶちまける事態になった。

　こんな光景は、これまでに一度も見られなかったものである。クリストフは、中国がCOP15において、このように荒々しい交渉スタイルをとるようになった理由を、五つ挙げている。それによると、第一に、中国という国は、もともとナショナリスティックな意識が強く、国家主権という概念をことさら力説する傾向があることである。たとえば、欧米の政府や国際機関、海外の市民グループから、人権・貿易・人民元レート・チベット問題・インターネットの自由、などで問題を指摘されると、たちどころに強く反発し、中国の振る舞いの正当性を強調してきた。

　第二に、中国は、国連システムという交渉体制の下では、自らを発展途上国の盟主に任じ、その利益代弁をする立場を貫いてきた。国連気候変動枠組み条約の下では、条約で認められている「共通だが差異ある責任」を強調し、先進国だけが排出削減義務を負う京都議定書の枠組みを維持することを繰り返し主張してきており、ここからの逸脱を認めようとはしない。

　第三に、バリ・ロードマップに従って議論されてきていた、2050年にCO_2総排出量を50％削減するという目標は、——たとえ付属書Ⅰ国が2020年までに40％削減、2050年までに80％削減するという

シナリオをとるとしても——、どこかの時点で人類全体としてCO_2総排出量のピーク・アウトを迎えなければならないことを意味する。IPCC第4次報告によれば、かりに大気中のCO_2濃度を450ppmで安定化させようとすると、総排出量のピークは遅くとも2020年あたりに実現させなくてはならない。このことは、近未来における中国としてもCO_2排出余地が大幅に制限されることを意味する。それは、国際的には中国が針の筵の上に置かれる恐れを含んでおり、それ以前に中国が国家主権の根幹と考える、エネルギー政策や経済発展の権限を強く縛ることにつながってくる。それがこの段階で明確である以上、中国としてはどんな手段をとってでも、国際合意文書から数値目標や目標年をすべて削除することが、外交目標となったらしい。

第四にクリストフが挙げるのは、国内的要因である。中国共産党の内部には、中国の政治的安定を維持するための、最良で唯一の手段としてこれまで通り、高い経済成長を第一に考える立場と、それを認めた上で、これに重ねて、環境対策や気候変動問題を積極的に組み込んだ政策へと転換すべきだと主張する立場の間で、激しい議論があることである。中国の経済政策とエネルギー政策は、国内経済において大きな地域間格差があるために、非常に複雑な要素の上に、からくも成り立っている側面がある。中国共産党は、地方政府の間に、資源の利用・経済規模とその制御・環境政策の立案とその実施能力の点で、大きな能力格差があることを熟知しており、この国内的対応を優先せざるをえない。そのため温暖化対策としての外交の方針は、他の国のそれと比べて強硬なものに傾きがちになる。

第五に挙げているのが、中国特有の統治形態の問題である。そもそも、温家宝首相が、COP15で実質上、あらゆる交渉の場に出なかった本当の理由は、国内的に権限が与えられていない問題に関して国際交渉の場で関与をしすぎ、帰国後これを追求される危険を避けるため

ではなかったのか、ということである。COP15が「温暖化サミット」となることが事前にわかっていたのに、最高権力者である胡錦濤総書記が参加しなかったこと自体、中国共産党の内部におけるエネルギー・経済政策に関する国家政策の決定法が、他の国とは異なっているからではないのか。21世紀初頭の世界は、「中国共産党という他者の再発見」という事態に遭遇しているのである。

カンクンでの追認

2010年11月29日〜12月10日、メキシコのカンクンで開かれたCOP16は、基本的には「コペンハーゲン合意」をなぞった内容のものを、温暖化交渉の枠組みの正式合意として格上げする決議をして終了した。コペンハーゲン合意が6カ国の反対で採択できなかったことを教訓に、議長のエスピノサ・メキシコ外相がとりわけ気を使ったのが、手続き上の透明性であった。COP15で一気に悪名をはせることになった中国は、発展途上国の一員として、めだたない位置にあるよう努力したようにみえる。

COP15直後に、温暖化交渉全体のパワーバランスがどう変わったのかを、アメリカのシンクタンク「ガマン＝マーシャル基金」が分析した結果が、図20である。

各国の交渉上の立場（ポジション）を、法的強制力のある方向性と、上から削減目標を決定する方向性とに、要素を分けてみると、京都議定書型の、各国に削減義務を課す形の国際合意を主張しているのはEUのみで、排出量の重みづけを行った場合、世界の意思の中心は、自発的な削減努力を目指す方向にあることがわかる。

特筆すべきは、日本が会議冒頭で、京都議定書の第Ⅱ約束期間を設けることを、いかなる形であれ拒否することを明確にしたことである。

図20　CO_2排出交渉における各国のポジション

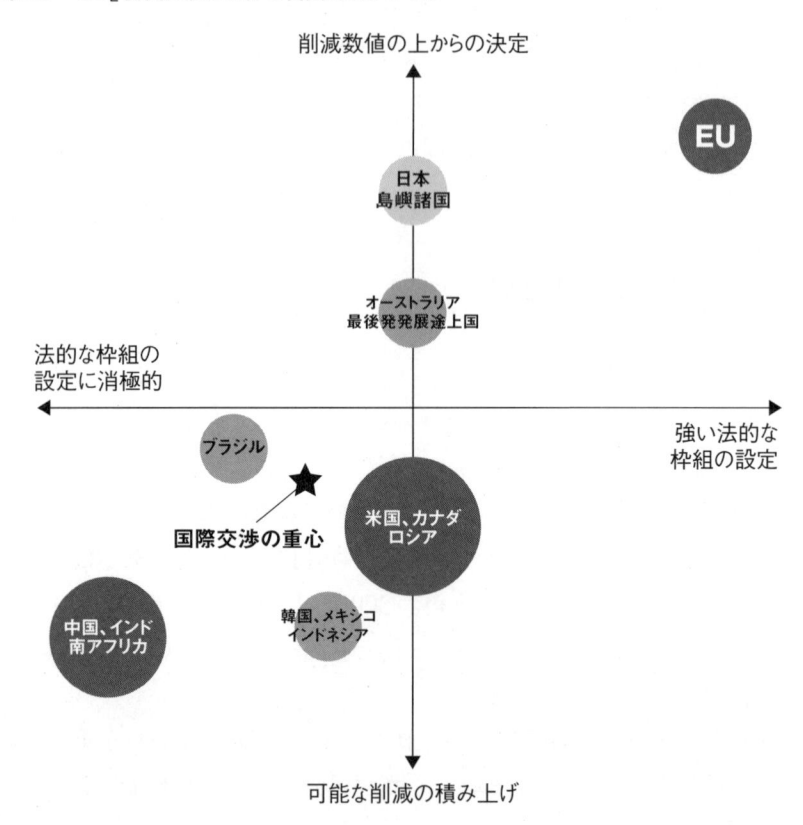

削減数値の上からの決定

EU

日本
島嶼諸国

オーストラリア
最後発発展途上国

法的な枠組の
設定に消極的

ブラジル

★ 国際交渉の重心

米国、カナダ
ロシア

強い法的な
枠組の設定

中国、インド
南アフリカ

韓国、メキシコ
インドネシア

可能な削減の積み上げ

（出典　Gaman Marshall Fund of US：*Rethinking Climate Diplomacy, 2010*）

アメリカのシンクタンク「ガマン＝マーシャル基金」が、COP15直後に、各国の交渉上の立場（ポジション）を、分析したもの。京都議定書型の、法的な決定によって各国に削減義務を課す形を主張しているのはEUのみで、排出量を考慮した場合の世界の意思の中心は、緩い自発的な削減努力を目指す方向にあることが示唆される。

松本龍環境大臣は、ハイレベル会合における演説でこう述べている。

「京都議定書は、気候変動問題の第一歩として重要な役割を果たしてきており、日本が京都議定書の精神を維持し続けることを、私は確信します。しかし、この議定書はエネルギー由来の全CO_2排出量の27％しかカバーしていません。これが、気候変動がグローバルにもたらす危険、たとえば海面上昇に対して、真に対応したものと言えるでしょうか？ 日本は、京都議定書の第II約束期間を設定することが、結果的に、かくも参加国が限られた枠組みを固定することになり、すべての主要排出国が参加する効果的な法的枠組み構築への動機づけを失わせることになりかねない点を、深く危惧いたします。それゆえ日本は、第II約束期間の設定に同意しません。新しい国際的枠組みは、エネルギー由来のCO_2排出の80％以上に当たる国々をカバーする、コペンハーゲン合意の上に確立されるべきです。

日本は京都議定書加盟国として、6％削減目標を誠実に行い、2012年以降の将来においても排出削減強化を維持し続けるでしょう。京都議定書は2012年以降も存在し、京都議定書の役割は、カンクン会議以降も議論され続けるでしょう。」

この日本の態度表明は、驚きをもって迎えられた。当然、環境NGOからは強い非難が浴びせられた。だがこの態度表明は、珍しく日本が、温暖化交渉の文脈において、国益の維持という外交の基本にたって行動したことを意味している。それはまた、14年前の京都議定書を日本外交という視点からどう評価するのか、という重大な問題につながってくるのである。

第8章

課題としての中国

超大国・中国と21世紀世界

　中国は、人類史のなかで常に中心地の一つであったし、温暖化問題について考える場合も最重要の対象の一つであることには変りはない。中国は長い間、人口で世界最大であったが、過去20年以上続いた高い経済成長によって、CO_2排出量が07年にアメリカを抜いて世界最大になった（図21）。

　温暖化問題＝CO_2排出問題とみなすかぎり、いまや中国は最大のプレイヤーであり、もはや中国に触れない温暖化論は意味がないとすら言ってよい。10年にはGDP（国民総生産）で日本を抜いて、世界第2位の規模の経済大国になった。とくに中国は、21世紀に入ると同時に、経済が新しい段階に入り、世界的に注目を集めやすい位置にある。このことは、温暖化条約成立当時の中国を含む世界のCO_2排出状況と、現在のそれとを対比して見ることが重要であることを意味している。実際、97年の京都議定書の削減数値を算定した時、発展途上国のCO_2総排出量が付属書Ⅰ国の総量を上回るのは、2020年と想定されていた。

　温暖化条約の交渉が佳境に入っていた92年春、鄧小平は、すでに政権を退いた身ではあったが、深圳や上海を視察し、「南巡講話」を公けにした。このなかで鄧小平・前国家主席は、ソ連崩壊後の世界においても、80年代に自らが指導した「改革開放路線」をさらに進め、社会主義政権下での経済発展を強化することの重要性を強調した。この方針は、92年12月の第14回中国共産党全国代表大会において、「90年代中に"社会主義市場経済"を構築する」という目標としてより明確に掲げられた。鄧小平は、コントロールの効いた市場経済の導入によって、中国経済全体を底上げすることを最優先課題に置き、対外的

図21　世界のCO2排出量の推移

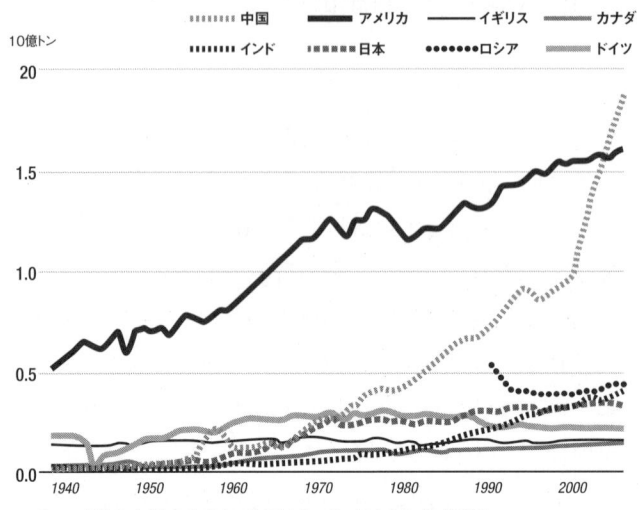

凡例：中国、アメリカ、イギリス、カナダ、インド、日本、ロシア、ドイツ

Source : U.S. Dept of Energy's Carbon Dioxide Information Analysis Center (CD/AC)
Reuters graphic/Catherine Trevethan - corrects trillion metric tonnes to billion

　CO_2 排出量は、07年に中国がアメリカを抜いて、世界最大になった。21世紀に入って以降の中国の CO_2 排出急増は続いており、92年の国連気候変動枠組み条約の締結時とは、温暖化問題の構造は大きく変化した。

には「韜光養晦（とうこうようかい）：能力をひけらかすことなく、控えめを旨とする」という基本姿勢をとるよう示した。こうして中国は、1980年〜2000年の間に、GDPを4倍に伸ばす一方で、エネルギー消費は2倍増に抑えてきた。

　ところが21世紀に入ると、中国のエネルギー消費量が急増する。『IEA（国際エネルギー機関）統計2010年版』は、こう記載している。「……80年代を通して、中国政府は、企業に対するエネルギー供給の基準と量を差配することを介して、産業のエネルギー原単位を抑制し、もし企業が基準を超えるようなことがあれば、エネルギー供給をストップさせるだけの権威を保持していた。しかし、中国経済の市場

開放の色彩が濃くなるにつれて、エネルギー投資全体の中での、省エネの割合は減少していった。03年以降の重工業部門の急成長は、国内の巨大なインフラ投資と、中国製品に対する内外の需要に応えるものであったが、これによって化石燃料需要が急増した。その結果、03年〜05年のGDP当りCO_2排出は増大した。」(IEA,2010,p.24)

　この事態はまた、工業化と都市化が急速に進んだことを意味しており、事実、これに伴って環境はみるみる悪化した。とくに90年代以降、市場経済への切り替えに伴い中央のコントロールが緩くなると、中国の環境は急速に悪化し、海外メディアはいっせいに中国の深刻な公害を伝えるようになった。90年代半ばの時点で、中国13億人の消費水準が急上昇することによる世界経済への副作用を指摘したのが、ワールド・ウォッチ研究所のレスター・ブラウン所長である。ブラウンは、『誰が中国を食わせるのか *Who will feed China?*』(1995、邦訳も同年)を著わし、中国国内の食糧需要が急増する一方で、都市化による農地転用や、構造的な水不足などによって、食糧自給率は確実に低下し、その結果、輸入が急増して国際的な食糧価格が高騰するとし、マルサス主義的な視点から、食糧品高価格時代が到来することを警告した。

　21世紀に入る直前、中国政府はなお楽観的で、2020年までにGDPを2000年水準の4倍へ、エネルギー消費は従来通り2倍の伸びに抑えるとする未来像を描いていた。だが程なく、それがまったくの希望的観測で、エネルギー需要は経済成長を大きく上回っている現実が明らかになった。これは中国経済が、個人消費が急拡大する段階に入り、エネルギー需要が急増する局面に入ったことの反映でもあった。東部沿岸地域を中心に、個人消費の対象は自転車からマイカーへと移行し、同年、自動車生産販売量は1,350万台を突破して、アメリカをも抜いて世界一になった。加えて、中国の成長エンジンの一つは輸出であり、09年には輸出総額がドイツを抜いて世界一位となった。この急成長

の一次エネルギーを支えたのは、豊富な国内炭であった。中国の場合、一次エネルギーの62.8％（05年）が石炭で占められ、急増する電力需要のほとんどは、石炭火力発電所の増設でまかなわれた。IEAによると、06年に100ギガワット以上の発電所が増設されたが、そのうち、90ギガワット以上が石炭火力であった（図22）。

01年のWTO加盟に合わせて、国内炭への補助金を下げたため、非効率な中小の炭鉱は閉鎖される一方で、旺盛な需要の供給源は巨大炭田が引き受けることになった。未開発であった辺境の炭田から工場地帯の間を、多数の大型ダンプが疾走するようになり、新たな環境問題を引き起こしている。

このような中国経済の変化は、当然、温暖化交渉にも反映するようになった。国連におけるパワー・バランス外交の長い歴史の中で、中国は、結束力の強い発展途上国のグループ「G66＋中国」を代表する国として振舞ってきており、温暖化交渉においてもこの立場を貫いてきた。実際、温暖化条約の基本原則を定めた、条約第3条の「共通だが差異ある責任」という、その後、決定的な影響力をもつことになったこの表現は、中国の強い主張によって組み込まれたものである。中国は常に、発展途上国の成長抑制に直結しかねない温暖化脅威論を、発展途上国の主権に対する潜在的な介入とみなし、強く警戒してきた。中国は、社会主義的な発展理論を重視し、地球温暖化は科学的にまだ未確定であるとし、その上で、先進国側による自己犠牲的なCO_2排出削減策に焦点を合わせる主張をした。むしろ冷戦後、停滞しがちであった発展途上国に対する開発援助を、温暖化対策の名目で拡大させることに交渉の主眼を置き、そのための融資と技術移転を要求した。基本的にこの立場は、いまも堅持されている。

中国は当初、京都議定書の柔軟性措置に対しては、先進国の義務の抜け道だと、たいへん懐疑的であった。しかし、CDM（クリーン開発

図22　中国における電力生産（IEA,2010）

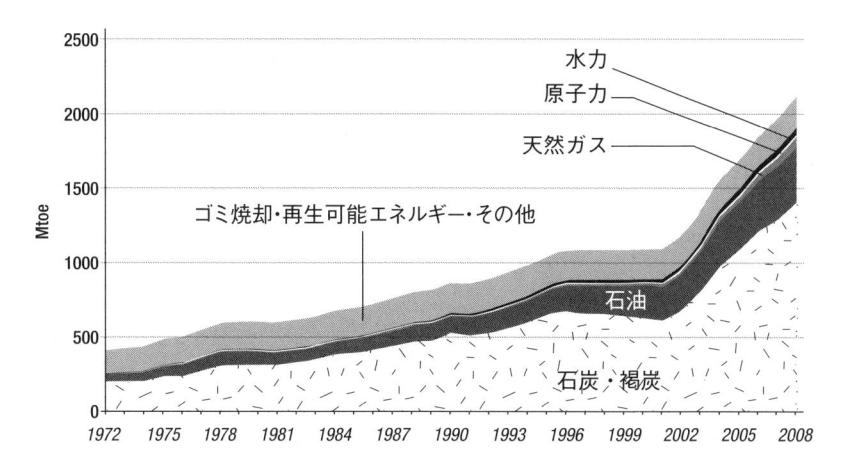

21世紀に入ると、中国の電力需要は急増した。これを支えたのが石炭火力発電であり、増加分の9割が石炭であった。石炭火力への過度の依存という現状を変更するため、中国は、風力、太陽光など再生可能エネルギーによる発電と、原子力発電の強化を国家施策としている。

メカニズム）が先進国による発展途上国への省エネ投資を促すことがはっきりして以降、中国はCDMの最大の受け容れ国となった。世銀・UNDP・アジア開発銀行の温暖化対策の融資でも、最大の受け容れ国になっている。GEF（Global Environment Facility：地球環境融資制度）の融資も、その17％が中国向けで、うち70％が省エネと再生可能エネルギーに関するプロジェクトである。

とは言え、21世紀に入って、中国のCO_2排出が突出して増加していることが明らかになると、中国としても内外に温暖化対策を示すことが避けられなくなった。07年にまとめられた『中国の温暖化政策 China's National Climate Change Programme』が、その対応策である。内容的には、省エネと再生可能エネルギーの強化という、きわめて一

般的で妥当な温暖化対策をまとめたものである。ただし、現在の中国共産党支配の正当性は、経済成長を実現して国民にその利益を還元することに、結局は依拠しており、貧困の低減と経済格差の是正ためには、成長戦略をおし進めて、社会的安定を図ることが至上命題となっている。この点で、中国政府が温暖化対策だけを目的に、CO_2削減策を採ることはありえない。そもそも、それ以前に、眼前の深刻な環境問題に対処することが最優先課題であり、史上初めて「社会主義市場経済」を実現させた中国は、今後、経済成長・エネルギー安全保障・環境対策・地球温暖化対策の4つの政治目標を同時にめざす、人類未踏の経済社会の実現に向けて進まざるをえない状況にある。

胡錦濤国連演説

実際、胡錦濤総書記は、コペンハーゲン会議の直前の09年9月23日、国連総会での一般演説で、温暖化対策に対する中国の基本的な考え方をこう述べている。

「……私はここで、気候変動問題に取り組むわれわれ共通の努力が従うべき、いくつかの原則について述べておきたい。第一に、われわれが果たすべき責任がその努力の核心に置かれるべきであり、その共通だが差異ある責任という原則は、国際社会のコンセンサスを形作っている。この原則に従うことが、気候変動についての国際協力を、正しい軌道上に維持するのには絶対不可欠である。

第二に、互恵とウィン・ウィンの成果を達成することを、われわれの目標とすべきである。先進国は、発展途上国が気候変動に取り組むのを支援すべきである。これは先進国の責任であるだけではなく、またその長期の利益に適うものである。われわれは気候変動への取り組みを、先進国と発展途上国とのウィン・ウィンの関係に、

個々の国の国益と人類共通の利益を向けるべきである。

　第三に、共通の発展を促進することを、われわれの努力の基盤に置くべきである。発展過程における気候変動の取り組みへのわれわれの努力と、共通の発展にこの挑戦を合致させることに対してのみ助言をすべきである。気候変動を問題にする場合は、発展の段階と発展途上国の基盤的なニーズに完全な配慮を払うことが不可避である。国際社会は、発展途上国が直面する困難に対して細心の注意を払うべきである。なかでも、小島嶼諸国、最後発途上国、山岳諸国、そしてアフリカ諸国に対してである。われわれは、われわれの気候変動問題に対する努力を、発展途上国の成長の推進と、経済発展のダイナミズムと持続ある発展の能力を構築することとを、結合させなくてはならない。

　第四に、資金と技術を確保することが、これらの努力が成功することの鍵である。先進国はその責任として、発展途上国が気候変動に適した技術を利用可能になるのを支援するための、新規で付加的で予測できる資金を提供すべきである。

　皆様、わが国人民と世界中の人民に対する責任において、中国は、これへの挑戦に関する確固とした、かつ現実的な前進をこれからも続ける。中国は、国家気候変動プログラムを採用し、実施に移している。この中には、2010年までに関しての、エネルギー効率と主要汚染発生源の改善についての法制化された国家目標、森林の拡大、再生可能エネルギーの比率の引き上げ、が含まれている。

　今後、数年の間、中国は気候変動に対するわれわれの行動を、われわれの経済的社会的発展の課題のなかに統合させ、これを実現する強力な政策を採用する。それは第一に、われわれの努力をエネルギーの確保とエネルギー効率の改善に集中させることになる。われわれは、2020年までに、増加する対GDPのCO_2排出比率を、05

年のレベルに抑えるよう努力する。

　第二に、われわれは、再生可能エネルギーと原子力エネルギーを大胆に発展させる。われわれは2020年までに一次エネルギー消費における非化石エネルギーの割合を15％にまで増やすよう努力する。

　第三に、われわれは、精力的に、森林によるCO_2吸収を増大させる。われわれは、2005年のレベルから2020年までに、森林の面積を4,000ヘクタール、木材保有量を13億m^3増やすよう努力する。

　第四に、われわれは、グリーン・エコノミー、低炭素社会、持続可能な社会の発展と、気候変動に適合した技術の研究、発展、浸透を強化するよう努力する。

　皆様、中国は、来るべき世代のより良い未来を建設するためにあらゆる国と協力する準備が整っています。ありがとうございました。」

　この胡錦濤演説を念頭に、COP15の過程を振り返ってみると、21世紀における地球温暖化問題の新しい像が見えてくる。コペンハーゲン合意の案文の作成過程で、中国は、当初のオバマ案にあった「90年基準で2050年までに加盟国全体で50％削減、うち議定書Ⅰ国は80％を削減」などの「野心的な削減数値」いっさいを、削除することを要求した。それまで先進国に大幅なCO_2削減を求めてきた中国からすると、矛盾した行動にも見えるが、09年現在の中国にしてみればその理由ははっきりしている。先進国が決めた削減案では、2050年までに中国までもがCO_2総排出量をピークアウトさせ、削減に向かうことが前提とされているからである。現在の中国経済の勢いからみて、近未来にCO_2排出をピークアウトさせることなどまったく不可能に見えるし、そもそもそのような決定自体、中国の発展の権利へ

の侵害と見えるからである。この点は、欧州における温暖化対策に関するEUA（排出許可証）の配分過程を思い起こしてほしい。21世紀に新たにEUに加盟した東欧諸国も、CO_2排出枠の決定を国家に属す経済主権への侵害である点を交渉の対象にし、これを確認した上で、EU委員会の配分枠決定を政治的には受け入れたのである。

コペンハーゲン会議の後、フランスのサルコジ大統領はあからさまに、「中国が温暖化の政治合意を阻止した」と非難した（*The Guardian*, 09年12月18日）。だが、欧州首脳の一連の反応は、冷戦後の欧州政治の間で培われてきた政治的な価値観を、中国という外部者にぶつけたもの、とも言いうるのである。

一方で中国は「責任ある大国」であることを自認し、京都議定書の先進国優先削減論を棚上げにしてコペンハーゲン合意に同意した。そしてこの合意の規定に従って、非付属書Ⅰ国であるにもかかわらず、次のような文書を条約事務局に提出した。

「中国は、05年比でGDP原単位当りCO_2排出量を20年までに40～45％削減させること、20年までに一次エネルギー消費の再生可能エネルギー比率を15％まで引き上げること、および20年までに05年比で森林の面積を4,000万ヘクタール増加させ、森林の蓄積量を13億m^3増やすことを目指す」。この「20年目標」は、COP17直前に発表されたもので、第11次5カ年計画（06年～10年）に盛り込まれた目標「05年比でGDP原単位当りCO_2排出量を20％削減し、環境汚染を10％削減する」の、延長線上にあるものである。

中国にしてみると、社会主義経済から開放型経済への移行に成功し、本格的な成長軌道にのったまさにその時、ねらい定めたかのように、世界は温暖化対策の再強化を図ってきているように映る。実際、IPCC第4次報告は、人類全体のCO_2総排出量のピークアウトを21世紀半ばに置くシナリオを展開し、先進国首脳はそれを視野に入れ始

めている。他方で、近年の中国の成長速度は突出しており、90年以降のCO_2排出の全増加量の半分を中国が占める計算になる。その結果、中国にはさまざまな方向から圧力がかかり始めている。

ただし、中国に関して温暖化の脅威といわれるものは、IPCC第4次報告を見ても、チベット＝ヒマラヤ地域の温暖化（後述）を除けば、その程度や規模は判然としないものである。黄河流域の雨量の減少傾向、集中豪雨や熱波の増加、北西部での砂漠化の進行と冬季の気温上昇、森林や生物多様性の減少、などが指摘されてはいるが、これはむしろ、レスター・ブラウンが警告したような、自然資源一般が枯渇する恐れと見た方が、的を射ているように見える。

ヒマラヤ＝チベット高原・第三の極論

ところで、日本が誇る「地球シミュレータ」という、地球温暖化のシミュレーション計算機がある。これが2100年までを計算した結果が、文部科学省のホームページに掲載されているのだが、これによると、100年後に最も気温が上がると予想されるのは、北極圏とチベット高原であることが、一目瞭然である（図23：口絵参照）。

そして近年、地球温暖化問題でチベット高原を、南極・北極に次ぐ「第三の極 The third pole」と位置づけて、集中的に研究していこうという立場が登場している。

ヒマラヤ氷河の融解問題は、IPCC第4次報告の本文で、誤った記述がされた（前述）ことで一時的に注目を集めたのだが、この「第三の極」論は、もっと大きな視点から、チベット高原＝ヒマラヤ地域の雪氷に関して、総合的研究が不可欠であることを力説する研究者らが掲げるものである。旗振り役の一つは、中国科学アカデミー傘下の西蔵高原（チベット高原）研究所（在・北京）で、近年、精力的にシンポ

ジウムを開催してきている。

　「第三の極」論の中心的主張は、とにもかくにも科学的データが決定的に不足しており、総合的な調査研究が不可欠であるという一点に尽きる。確かに、チベット高原＝ヒマラヤ地域の氷河は縮退している、という報告例は多く、さまざまな推測がされているのだが、極寒の気象、低酸素、政治情勢などが原因し、科学研究はたいへん手薄である。例外的に観測データのあるラサの平均気温は、過去10年間で0.3℃上昇しており、これは全地球平均の3倍に当たる。氷になるか水になるかの雪線は、気温によって自動的に決まるから、チベット高原＝ヒマラヤ地域は、地球全体の形態からしても、またコンピュータ・シミュレーションの計算結果からしても、温暖化の影響に関してもっとも鋭敏な地域であることは間違いない。

　チベット高原＝ヒマラヤ氷河の融解については総合研究の最中であるが、それによる害が予想される以上、放置することはできない。氷河の融解や融雪が進めば、地盤が緩み、土砂崩れが頻発し、氷河湖が拡大する。かりに決壊すれば土石流が発生し、大規模な被害が出る恐れがある。また、チベット高原には、永久凍土が広がっている。夏にはその表層が融け、高原湿地を形成して植物を育むが、これが分解しないまま凍結するため、凍土層には大量の炭素が蓄積されている。もしこれらが解けだすと、大量のCO_2発生源になり、その後の土地は砂漠化が進行してしまう。

　また、チベット高原＝ヒマラヤ地域は、黄河や揚子江など中国国内の重要河川の水源であるが、それだけではなく、メコン、サルウィン、インダス、ガンジス、ブラマプトラなど、アジアの大河が発する源でもあり、「アジアの給水塔」とも呼ばれる。このまま氷河の融解が進むと、短期的には洪水や土石流の危険が増え、長期的には水源機能がやせ細り、河川の水量が減る恐れがある。そうなると、農業用水が不

足して食糧生産が低下する可能性がある。チベット高原＝ヒマラヤ地域は、中国、インド、ブータン、ネパール、パキスタン、アフガニスタンの領土が含まれる。また、ここを水源とする主要河川の流域国には、ベトナム、ラオス、ミャンマー、タイ、カンボジア、バングラデシュなどが含まれ、中長期的には、これらの国の間で国際的な水管理体制が必要になる可能性はある。

ただし注意を要するのは、「アジアの給水塔」論という眼差しは、地理上の水源と水そのものの供給源とを混同しがちである点である。アジアの給水塔であるチベットの氷河が縮退すると、水源が細り国際的な水争いが起こる、という一見もっともらしい指摘は、原因と結果の結びつけ方が短絡している。実際の氷河の衰退はゆっくり進む一方で、河川の流量は圧倒的に流水域の降雨量によって決まるからである。この点で、チベット高原＝ヒマラヤ地域の氷河の縮退を、国際関係の面から強調する立場は、潜在的に地球温暖化を過剰に政治問題化する可能性を含んでおり、これらの立場と自然科学者は、明確な一線を画す必要がある。

チベット高原＝ヒマラヤ地域が地球温暖化の「地球物理学的センサー」だとみなす立場の中には、この地域を「第三の極」として扱う国際機構が存在していないことを指摘する立場がある。この視点から「第三の極」論を比較してみると、伏在する問題点が明確になる（表14）。

水源に氷河があることと水量の供給とは別問題であることが認識されれば、「アジアの給水塔」のほとんどは国際的な水管理一般の問題に帰着する。一見、豊かにみえるアジアの河川も、人口当たりで考えると希少資源となる方向にあるが、これはすでに多くの研究がなされ、国際協力の実績がある。表14でもっとも注意を要するのは、北極会議には3つの原住民族代表が入っていることと、チベット高原の温暖

表14 チベット高原・ヒマラヤ地域＝第三の極と考えた場合の国際関係

	第一の極:北極	第二の極:南極	第三の極:チベット高原
対象域	北極海・北極圏	南極大陸・南極圏	ヒマラヤ＝チベット高原
国際機関	北極会議（北極環境保護戦略:1991）	南極条約（1959）	―
関係国	ロシア、カナダ、アメリカ、ノルウェー、デンマーク、アイスランド、フィンランド、スウェーデン、3つの原住民族代表	原加盟12カ国 アルゼンチン、オーストラリア、ベルギー、チリ、フランス、日本、ニュージーランド、ノルウェー、南アフリカ連邦、ソヴィエト連邦（ロシア）、イギリス、アメリカ	中国、インド、ブータン、ネパール、パキスタン、アフガニスタン 流域諸国 ベトナム、タイ、カンボジア、ラオス、バングラデシュ
地球温暖化がもたらす課題	海氷の縮小、永久凍土の融解、生物多様性の劣化、北極海航路の開発、資源開発、領土・領海問題、国際海峡・国連海洋法条約、核汚染問題	大陸氷河の科学観測、生物多様性の保護、資源開発の制限、観光ツアーの制限、非核化	水源の枯渇、国際河川の水・資源管理（飲料水、灌漑用水、水産資源）、氷河湖の決壊の危険性、永久凍土の融解、地すべり・土石流の多発、生物多様性の劣化、高原湿地の乾燥・砂漠化、環境難民の発生、文化的多様性の危機

「チベット高原・ヒマラヤ地域＝第三の極」論が、注意を要するのは、この三つの地域の国際関係を単純に比較し、チベット問題を新たな角度から政治的にとりあげようとする立場があるからである。北極の体験が示すように、国際的な学術研究を積み上げることが、関係国の間での信頼を育むことになるのであり、チベット高原・ヒマラヤ地域についても、まずは国際的な共同研究が進められるべきである。

化の害に文化多様性の危機があげられていることである。ここには、温暖化問題の視点から、中国国内では政治的にもっとも敏感なチベット政策に言及する可能性が含まれている。問題の形をあらかじめ明確にしておく必要があるのは、こういう側面である。チベット高原＝ヒマラヤ地域の温暖化が進行しているのは、打ち消しがたい事実である。温暖化の実態の詳細を明らかにし、その害を最小に食い止め、その適応策を考えるためにも、総合的な学術研究が国際的に組まれるべきである。そして、このような学術研究と中国のチベット政策や国内政策一般と明確な一線を画すことは可能なはずであり、そのためにも中国の研究者との共同研究を深め、政府との話し合いと調整の場をもつべきである。

　それに、自然資源が希少であることが必ずしも紛争につながるわけではない。これまでの膨大な文化人類学的研究の成果によれば、伝統的な文化が、慎重な管理と分配の規範を育んでいるのが普通である。

　ところで、09年にインドのダラムサラにあるチベット亡命政府が、『チベット高原への気候変動の影響——科学的総合とチベット研究』という報告書を発表した。その内容は、学術論文を精力的にレビューしたなかなかの力作なのだが、最終的に、チベット開発に関してはチベット文化の価値観を重視することが正解である、とする結論が用意されている。逆にここまで政治的な立場がはっきりしていると、距離のとり方も容易である。

　チベット高原＝ヒマラヤ地域における雪氷の学術研究は、体系的な研究体制が整えられたところであり、日本の研究者は、科学研究を進め、科学的事実に立脚した助言者の立場を貫くべきである。そのためにも、国際的な共同研究プログラムが組み立てられ、信頼に足る科学情報が、体系的に発信される必要がある。

　実は、CO_2による温暖化に加えて、チベット高原＝ヒマラヤ地域の

雪氷の融解を促す可能性のある人為的要因が別にある。インドや南アジア地域の工業化や都市化によって、煤として大量のブラックカーボンが排出され、これがヒマラヤ地域に運ばれて氷河や冠雪に付着して、融解を加速させている可能性がある。これについても、研究が進行中である。

東アジアにおける地政学と環境クズネッツ曲線

温暖化交渉におけるパワーバランスが変化し、国連条約の次元でCO_2削減数値を決める交渉の形態が崩れれば、おのずと地域的（regional）な次元で緩和策と適応策について協力し合う方向になる。そして、13年完成予定のIPCC第5次報告でも、地域的な影響予測についての精度を上げることが、重要目標の一つにあげられている。温暖化問題を地域的協力という観点から展望すると、東アジアは、世界的に極めて特殊な地域であることに気がつく。一方で、CO_2排出で世界最大のプレイヤーとなり、なお発展途上国の代表として振舞う、巨大中国がある。他方で、東シナ海をはさんだ風下の東隣には、国内の省エネ・公害防止投資をほぼ一巡させた先進国・日本が、ぽつんと浮かんでいるのである。中国国内は、なおも急成長が続く一方で、激しい経済格差を是正しなくてはならず、そのためにも、電力の供給不足、環境破壊と大気汚染、慢性的な水不足など、大きな問題を同時解決しなくてはならない。これに対して東隣の日本は、経済の停滞が長く続き、人口は下降局面入りし、加えて11年3月には東日本大震災に襲われ、疲弊している。温暖化問題で、これだけ経済状況が極端に違う二つの国が隣り合わせにある地域は、世界広しといえども他にはどこにもない。これほど両極端の課題を抱えた国が隣り合っていれば、当然、軋轢も生じてくる。

図24　経済水準と大気汚染との関係

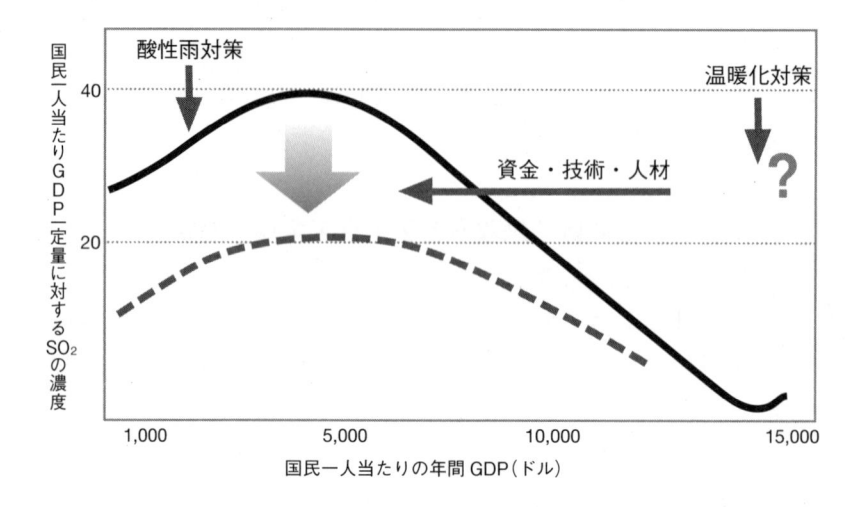

縦軸：国民一人当たりGDP一定量に対するSO₂の濃度
横軸：国民一人当たりの年間GDP（ドル）

図中ラベル：酸性雨対策／資金・技術・人材／温暖化対策／？

アメリカの経済学者、サイモン・クズネッツは1955年の論文で、発展途上の社会では、経済発展とともに貧富の差が大きくなるが、経済がさらに発展し、一定水準に達した後は、政府が教育や医療などの社会サービスを提供するようになり、実質的な不平等は縮小される方向に進むとする、逆U字型の解釈図式を示した。91年に、グロスマンとクリューガーはこのクズネッツ曲線が環境にも当てはまるとして、「環境クズネッツ曲線」という考え方を示した。経済発展の初期は、資本財が生産のみに向けられ、都市の大気などは悪化するが、ある程度の経済水準に達すると、公害対策にも投資が回るようになり、環境はきれいになっていく。90年代に、いく人かの研究者が、この逆U字カーブ仮説を実証しようとしたが、成功しなかった。環境悪化が好転する転換点は、1人当たりGDPは年4,000ドル台後半といわれる。

　しかし、ここまで二つの国の特徴が非対称であると、よく考え抜かれた政治的枠組みが用意されれば、二国間にはさらに深い協力関係が築きあげられる可能性がある。高度な政治的な知恵の出しどころなのである。その場合まず日本の側が、過去20年間の温暖化交渉の基盤をなしてきた、先進国vs.発展途上国という二項図式に含まれる政治経済的な意味合いについて、正確に認識しておくことが重要である。
　この二項図式に内包される政治経済的な意味を図式的に示したのが、「環境クズネッツ曲線」である（図24）。

アメリカの経済学者、S.クズネッツは1955年の論文で、発展途上の社会では、経済発展とともに貧富の差が大きくなるが、経済がさらに発展し、一定水準に達した後には、政府が教育や医療などの社会サービスを提供するようになり、実質的な不平等は縮小される方向に進むとする、逆U字型の解釈図式を示した。91年に、グロスマンとクリューガーは、この図式は環境にもあてはまるとして、「環境クズネッツ曲線」という考え方を示した。経済発展の初期は、資本財が生産にのみ向けられ、都市の大気や排水は悪化するが、経済が一定の水準に達すると、大気汚染や排水対策にも資金が投入されるようになり、環境条件は経済の発展とともに改善されていく。この指摘以降、この仮説を実証しようとする研究がいく度か試みられたが、きれいなカーブにはなかなかのらなかった。90年代のデータでは、環境改善に向かう転換点は、1人当たりのGDPが年4,000ドル台後半にあると推定される。

　重要なのは、この実線の推移が、それぞれの経済段階の社会における、投資の価値順位を表していると解釈できる点である。かつて一方的な善意から、日本の公害の体験を近隣諸国に伝え、公害が深刻になるより前に公害防止・省エネ技術を移転することが、日本の国際貢献だとする、理想主義的な議論があった。だが、このような方針で対外政策を大規模に進めることは、潜在的に、相手国社会の自律的なエネルギー・環境政策に対して、日本の側が影響を及ぼしてはじめて実現されることを意味する。これは相手国からみると、悪くすると内政干渉と映りかねない要素が含まれる。この種の危険を回避するためには、政府を含めた多層で多様な関係者の間で、互いの意図を確認し理解するための政策対話が、絶対に不可欠であることを意味する。

　現時点での中国のエネルギー・環境政策にとって、一次エネルギーの確保と、公害への対応策が優先課題であり、温暖化対策だけの目的でCO_2削減投資が行われることは、CDMのような特別の動機づけが

ないかぎりまず考えられない。つまり、温暖化対策のみの投資は、先進国的な価値規範に立つものということになる。一方で、言うまでもなく日中間には、これまで長期にわたって大気汚染・省エネ・緑化・水資源確保・廃棄物処理などで、数えきれないほどの二国間協力が行われてきている。その上に何が必要かと言えば、これらの圧倒的な実績を踏まえて、国家の基本であるエネルギー・環境政策における必要性・緊急性・優先度について日中間の価値観と優先順位の違いをすりあわせ、これを埋め合わせる論理と、個々のプロジェクトの意義を明確にする、ハイレベルの政治的枠組みを設けることである。温暖化問題の協力のための二国間ドクトリンと、その典型例に焦点があたるような考え方を示すことである。

戦略的互恵関係

　2010年秋、尖閣列島沖の中国漁船衝突問題が起きると、突然、菅首相は「戦略的互恵関係」という概念を持ち出して事態を収めようとした。この事件に関して、両国間で明確に交渉した形跡がないのに、「戦略的互恵」などありえないのだが、ここで問題にしたいのはそのことではない。10年11月5日付『朝日新聞』によると、この戦略的互恵関係という表現は、日本の外務省が提案したものである。
　谷内正太郎・元外務次官は、朝日新聞のインタビューで、次のように答えている。氏は、06年10月に、安倍晋三首相の訪中に外務次官として随行し、中国側代表である戴秉国氏（現・国務委員）と交渉した。中国とのやりとりの内容について、記事を引用する。
　「**谷内**：中国側は『ウィン・ウィン（win-win）』の関係にしたいと言ってきた。でも、和訳がないので『互恵という言葉でどうか』ともちかけた。それぞれが持ち帰り、双方の首脳から了承が得られた。東

シナ海のガス田共同開発、環境協力、エネルギー資源協力、遺棄化学兵器の処理などをイメージしていた。」

遺棄化学兵器の処理という日中戦争の後始末を除けば、他は本書で言う広義の気候安全保障に関わる項目である。つまり、日中とも政治的には、ウィン・ウィン＝戦略的互恵関係を望み、その内容は気候安全保障に関わるものが多く想定されていたことが推測できる。さらに、谷内氏は外交交渉のあり方について、ロシアのケースをこう述べている。

「記者：メドベージェフ大統領は国後島以外の北方領土を訪問する構えも見せています。

谷内：ソ連、ロシアのトップは北方領土を訪問しなかった。なぜ今このような挑発行為をするのか。普天間移設問題をめぐって日米関係が動揺し、中国とも問題を抱えている中で足元を見られている面はある。ロシアはトップダウンの国であり、役人ベースで交渉を進めても話は進まない。首脳同士で話し合うしかない。」

戦略的（strategic）という語彙は、もともと軍事用語である。そして、温暖化交渉における気候安全保障論の登場は、理想主義的な削減目標を公約する先進国用のトラックに併行して、地域の不安定化に関して地球温暖化という解釈原理を導入するという、国際政治上の新しい価値原理が導入され始めたことを意味する。国連安保理で、イギリスが気候安全保障論の自由討議の場を実現させ、これに対してとくに中国代表が「気候変動は安全保障的意味合いが含まれているかもしれないが、一般的に言えば、本質的に持続ある発展の問題である。……気候変動を安保理で議論することが、影響緩和で努力する国を助けることにはならないだろう」と反対したことは重要である。安保理での議論をあえて総括すると、かりに温暖化が地域の不安定化に関与していることもあり得、紛争が激化し武力介入の是非を安保理で議論することはありうるとしても、温暖化の影響は基本的には経済社会理事会など、

国連全体が現に扱っている課題である、ということになる。

　日本が置かれている、温暖化問題に関する地政学的状況は非常に特徴的である。世界でもっとも非対称的なタイプの二国が東シナ海一つ隔てて隣り合わせている。発展途上国の代表として振舞ってきている中国に対して、先進国的な義務とされてきた温暖化対策だけを優先して求めることは、胡錦濤演説を引き合いに出すまでもなく、非現実的である。環境クズネッツ曲線が念頭に置くのは狭義の環境問題であり、将来の脅威である温暖化は、そもそもこの図には入っていないと考えるべきであろう。

　であるとすれば日本も、東アジアにおいて気候安全保障の概念をあてはめてみるべき時にきていると考えてよい。その場合、気候安全保障という概念がどのような経過で登場してきたのかを、おさえておく必要がある。EUやイギリスが、温暖化問題を軍事的な安全保障と同格の外交原理に格上げする理由の一つは、EUが不戦共同体という性格をいよいよ強め、加えてEUが周辺国との間で古典的な武力行使を行う可能性は、きわめて小さくなったからである。こうなると、冷戦終焉による劇的な軍事緊張緩和を埋め合わせるために採用されてきた地球温暖化の脅威を、理想主義的な位置から、「気候安全保障」概念として、狭義の安全保障である軍事的な意味合い（military-taste）をも読み込んで、予防外交のための論理として仕立て直したもの、と見ることができる。

　実際、EUの外交担当、ベンチラ・フェレロ＝バルデナーは、「地球温暖化は欧州外交の中心に位置するようになった」と述べている。そして国連事務総局が作成した「図18　気候変動による脅威の悪化要因（第6章参照）」を見ると、ここにおける図式化は、EUやアメリカが援助の対象地域とするアフリカやアジアを想定し、予防外交の眼差しから描かれたもの、と解釈することができるものである。

このような、地球温暖化問題の安全保障化（securitalization）を念頭に、東アジアの軍事同盟を地図に落としてみると、基本構図が欧州とは全く異なっていることがわかるアメリカが対韓、対日、対台湾と個別に軍事同盟を結び、ユーラシア大陸の東端を押さえ込む形になっている（図25：口絵参照）。

　冷戦の残滓という基本構図の上に、冷戦時代には米ソ対決の緩衝地帯であった中国が圧倒的な存在感をもち出しているのが、21世紀初頭における東アジアの軍事バランスの姿である。軍事同盟の内容をみると、米韓は純粋な軍事同盟であるが、日米と米台は経済協力にも言及している。そのうち、EUのように、安全保障と経済協力の延長線上に、拡大された安全保障論として「気候安全保障論」を展開できる可能性があり、しかもその法的基盤があるのは日米間だけである。日本は、「日米同盟の深化」の具体的な内容として、気候安全保障を含め、後述する地球物理変動の脅威に対して共同して対応する、「拡張された安全保障論」を考えてみてよい位置にある。ちなみに米台同盟は、アメリカが北京の中国政府と正式に国交を結んでいるため、法的にはアメリカの国内法である台湾関係法を根拠にしている。温暖化問題のビッグプレイヤーであることに変わりはないとアメリカと、日本は、京都議定書後の温暖化対策をどのような考え方で協力関係を進めるのか、改めて明確にすべき時にきている。

　このような東アジアの国際関係を踏まえた上で、温暖化に関する地域的（regional）協力を、日中間の「戦略的互恵関係」にあてはめてみるとどうなるか。日本側からすると、①環境悪化が、中国国内を含めた地域社会の不安定化につながる恐れのある環境問題を、予防的に保全するもの（環境安全保障論）、②国境を超える環境保全問題（例：アムール河の汚染問題）、③風下側であり、海流の下手に位置する日本にとって、汚染防止が日本の国益に結びつくもの、などの原則が考え

られる。中国側も同じように、環境問題に対する投資の優先順位の考え方を出し、すり合わせることが可能であろう。

　繰り返しをいとわず強調するが、温暖化問題でこれほど非対称的な二国が隣り合わせている地域は、世界に他にない。基本スタンスの違いは、話し合いの障害のようにみえるが、逆に、これほど極端に立脚点が異なると、チャレンジングな外交理念と協力関係とを創り出すまたとない機会でもある。そのためにも、先行する諸研究を咀嚼した上で、国境を越えた、横断的な研究プロジェクトを多数組み立て、知的で安定した課題意識を形成することが不可欠である。

　たとえば、ロシアとノルウェーの関係も参考になる。この二つの国は、領土・領海問題を中心に、核汚染、漁業問題、天然ガス開発など、ありとあらゆる種類の懸案をかかえてきた。これらの課題の解決について話し合いを続けてきた結果、最大の懸案であった、バレンツ海および北極海における大陸棚境界画定で、10年4月に合意に達した。これで北極海開発がさらに進む可能性がある。

　世界はいま、中国の存在そのものの世界性と、短い間に存在が大きくなりだしたゆえに「他者としての中国共産党の再発見」という事態に向き合うことになった。この現代中国の「両義性」については、俯瞰的な研究をつくした上で、政治的に深い洞察が不可欠となる課題である。21世紀日本にとって、もっとも良質の知的資源が投入されるべき、重要課題の一つである。

終章

21世紀日本と自然の脅威
―― 地球物理学変動枠組み条約に向けて

京都議定書＝ベルリン・シナリオの終焉

　09年のコペンハーゲン合意を境に、温暖化交渉の潮目は変わった。それまで温暖化交渉の主流を成していた考え方を、ベルリン・シナリオと呼ぶことにし、「ベルリン・シナリオの終焉」という視点から、もう一度、過去20年間をふり返っておきたい。

　ベルリンの壁が突然崩壊し、米ソ核戦争の恐れが遠のくと、次の外交課題としてアジェンダ表を繰りあげられてきたのが地球温暖化問題であった。もっと刺激的に言えば、冷戦終焉によって生じた国際政治における「脅威の空隙」は、温暖化という次の脅威を「発見」し、アジェンダとして優先扱いをし、特権化するだけの、大きな衝撃であったのである。この、人類共通の新たな脅威に対抗するために国政政治が成立させた合意が、92年の国連気候変動枠組み条約であった。この時点では、温暖化の脅威は漠然としたもので、条約は予防原則に立脚し、脅威の具体像を描き出す作業はIPCCに委ねられた。

　冷戦とは、欧州を大きく縦に分断して、米ソ両陣営が数万発の核兵器を配備して対峙した「臨戦体制の平時化」であった。そして、ベルリンの壁崩壊後に、新しく国際政治の課題となった温暖化交渉の基本構図が、この歴史的変動を経た当該地の眼差しによって描かれたのも、ある意味、必然であった。90年の再統一直前の時点で、すでに西ドイツ議会は、報告書『地球を守る *Protecting the Earth*』を作成し、その中で地球温暖化を次の人類共通の脅威とみなし、近未来における全世界のCO_2排出量を大幅に削減することを構想していた（図26）。この内容は、この時点では群を抜いてラジカルな内容のものであった。

　ドイツは、温暖化条約の締結の交渉においても、その当初からEU代表を介して、大幅なCO_2削減策論を主張してきた。それは本書が

図26　90年に西ドイツ議会（当時）が構想した世界のCO₂削減計画

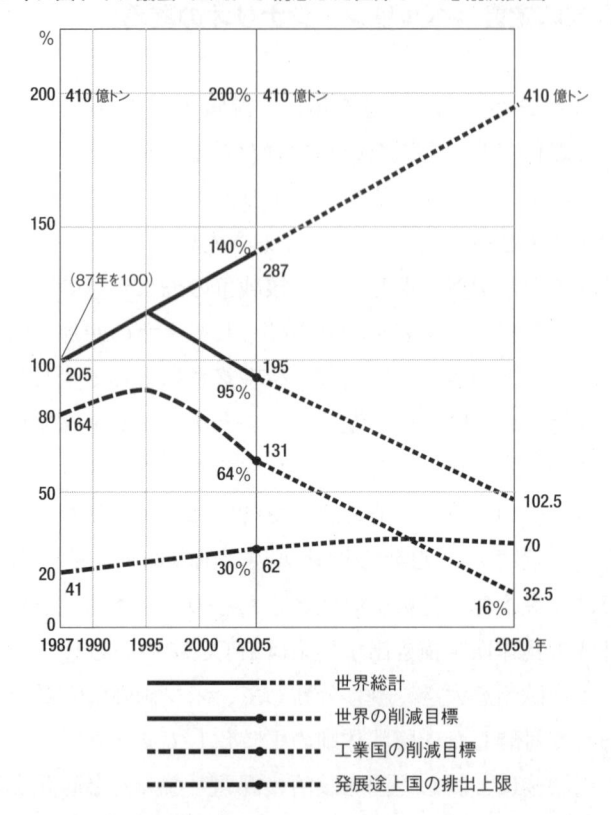

```
         %
        200  410億トン    200% 410億トン              410億トン
        150
                       140%
                         287
                (87年を100)
        100  205                195
              164   95%
         80
                          131
         50               64%                          102.5
                                                        70
         20        30%  62
              41                              16%       32.5
          0
            1987 1990 1995 2000 2005              2050 年
```

　　　━━━━━‥‥‥　世界総計
　　　━━●━━‥‥‥　世界の削減目標
　　　━━━━━‥‥‥　工業国の削減目標
　　　━・━・━・━‥‥‥　発展途上国の排出上限

　90年10月に東西ドイツが再統一される直前、西ドイツ議会がまとめた報告書『地球の保護 Protecting the Earth』のなかで示された、世界のCO₂排出削減計画。これによると、15年後の2005年の時点で、全世界が87年比で5%削減をすることが構想されている。この時点では、発展途上国全体は、きわめて緩慢にしか成長しないことが前提とされている。

言う「理想主義」である。繰り返すと、①人間よる化石燃料の大量消費によって気候変動が起こり始めていることを認め、これを新たな脅威とみなすこと、②温暖化による害を緩和（mitigation）するため、先進国が率先してCO_2排出削減を実施する、こういう政治的主張である。この立場は、先進国のCO_2排出削減を実現させることに政治的力を集中させ、適応（adaptation）策には言及しない。そして新生ドイツは、95年にCOP1のベルリン招致に成功すると、旧東ドイツ出身のメルケル環境・原子力安全大臣（在任は94年〜98年）が中心となって、精力的に各国代表を説いて回り、この会議で、その後の温暖化交渉の基調を決定づけるベルリン・マンデートを採択させた。この交渉枠組みは、2年後に日本で京都議定書として結実した。メルケルは、05年にドイツ首相に就任した後も、この精神を体現する人物として振る舞ってきた。09年のコペンハーゲン・サミット（COP15）では、宣言文にCO_2削減数値を含めることをいっさい認めない中国と激しく対立したが、この衝突こそ、「ベルリン・シナリオの終焉」を象徴するものであったのである。

　温暖化問題の国際政治アジェンダ化という事態が、もともと軍事を基盤とする国際政治において生じた、脅威の空隙を充たす代替物であったことは、欧州における核兵器の配備を視野に入れると、この解釈が妥当することがわかる（図27：口絵参照）。図2の「国際政治における脅威一定の法則」に、米ソの核兵器保有の総数を重ねても、86年をピークに総数が漸減していくだけで、冷戦の実態である、核の対決は対応していない。ところが図2に、アメリカが欧州に配備した核弾頭数を重ねてみると、直感的に描いた「脅威一定の法則」の図とぴたり一致する。

　この事実をもう少し一般化すると、国際政治の主旋律を奏でるコンサートマスターは、いまなお欧州である、という歴史的な現実である。

そもそも、冷戦時代に自由主義陣営が締結した軍事同盟は「北大西洋同盟（NATO）」であり、欧州における東西対峙をアメリカが大西洋をはさんで後ろから支える、という形になっており、東アジアにおける中国は緩衝地域であった。さらに言えば、地名が体現する歴史的な象徴性は、とくに欧州圏では大きな意味をもつものである。第一次世界大戦は、世界大戦と言いながら実態は欧州での戦争であった。そして戦後結ばれた条約は、パリ郊外のベルサイユ宮殿で調印されたが、ここは1871年にドイツ帝国がその成立を宣言した場所であった。第二次世界大戦後、戦争裁判が行われたのはニュルベルクであり、ここはナチスが党大会を行うナチ党の聖地であった。この視点からすれば、国連気候変動枠組み条約第1回締約国会議がベルリンで開かれたことの意味は、限りなく重い。

　そのベルリン・シナリオは、07年前後から変調を見せはじめる。その一つが、前述した、安保理における気候安全保障の自由討議であるが、この年の12月のCOP13で採択された「バリ行動計画」では、緩和策（CO_2削減策）に並置して、温暖化への適応策を本格的に進めることが明記された。そして、「バリ・ロードマップ」で、COP15までに京都議定書・第I約束期間以降の法的枠組みを決めることが義務づけられたのだが、これが成立せず、コペンハーゲン合意という政治文書のとりまとめで、からくも決裂を免れることができたのである。

ジオエンジニアリング（geoengineering）
──非常手段か、禁じ手か

　温暖化対策における理想主義の衰退を示す兆候の一つに、ジオエンジニアリングの議論が抑えきれなくなった現実がある。
　歴史上初めて温暖化の脅威に言及した政治家は、イギリスのサッ

チャー首相である。彼女は88年9月の演説でこう言っている。「われわれは、知らず知らず惑星系に対する巨大実験を始めてしまっている」。現在、われわれはこの表現が正しいと考えている。そして地球温暖化問題が、化石燃料の大量消費によるCO_2排出で気温が上昇し、その害に悩まされることであるのなら、人為的に地球を冷やしてやればよいことになる。温暖化に対抗する目的で意図的に地球に働きかける方法としては、具体的には、大規模にCO_2を回収・貯留したり、太陽光の入射をコントロールしたりすることが考えられ、これは「ジオエンジニアリング geoengineering」と呼ばれる。最近、日本でも、杉山昌広氏によってこれを包括的に紹介する著書が出された（杉山昌広著『気候工学入門』日刊工業新聞社）。

CO_2の回収方法としては、広く行われている植林を除けば、たとえば、CO_2の発生源である火力発電所や工場の排気ガスからCO_2を分離して地中に封入したり、シャーベット状にして海底に貯留したりするCCS（Carbon Capture and Storage）という方法がある。また、南極海や太平洋のある海域では、鉄分不足のために植物プランクトンが生育できない条件にあることがわかっている。そこで、この海域に鉄分を撒いて光合成を活発にし、CO_2を固定することが考えられる。これまで幾度か実験が行われてきているが、ドイツのアルフレッド・ウェゲナー極地海洋研究所が中心となって、09年冬に調査船ポラルステム号を送り出して、南極海の$300km^2$の海域に6トンの鉄イオンを撒く実験を行おうとした。しかし、さまざまな慎重論がドイツ政府に寄せられたため、ドイツ教育研究省と環境自然保護・核エネルギー安全省は、この計画の環境アセスメントをやり直し、南極海にいる調査船に、開始直前に改めて実験許可を出すはめになった。実際は、猛烈な悪天候にみまわれ、実験は計画通りには行われなかった。

太陽光入射をコントロールする方法としては、建物を白く塗って反

射率を高めたり、特殊な船を建造して海の塩を上空に吹き上げ、雲の核をつくって雲をより白くし、雲の反射率を高めたりする方法がある。さらに、太陽と地球との間の引力がつりあうラグランジュ点（地球から1,500万 km の位置にある、正確にはラグランジュ1）に遮蔽物を置くことも考えられる。その中で現在、もっとも現実性が高いと見られ、その是非についての論争が拡大しているのが、成層圏へ硫酸エアロゾルを注入する方法である。

事の発端は、06年のクルッツェンの評論「成層圏への硫黄注入による反射率の強化：政策ジレンマの解決に寄与するか？」が、温暖化の専門誌『*Climatic Change*』に掲載された（Vol.77, p.211,2006）ことにある。実は同じ年の『*Science*』に、ウィグレーの評論「気候安定化への、緩和策とジオエンジニアリングの結合アプローチ」（Vol.314, p.452,2006）が掲載され、同じように、温暖化対策の一つとして、成層圏への硫酸エアロゾル注入を提案した。P. クルッツェンは、オゾン層保護の問題で、M. モリナ、S. ローランドとともに95年にノーベル化学賞を受賞した、オゾン層研究の第一人者である。また前述したように、彼は J. ビクルスとともに核戦争後の環境影響の研究を初めて行い、「核戦争後の大気——真昼の悪夢」（*AMBIO*, Vol.11, No.2/3, p.114,1982）を著した人である。これによると、核戦争によって成層圏中に大量の煤が吹き上げられ、その後、しばらくは太陽光がさえぎられて、飢饉が生じる恐れがきわめて大きいとされた。「核の冬」の発見である。クルッツェンが06年の評論で成層圏への硫酸エアロゾル注入を論じているのは、珍奇なアイデアとしてではない。IPCC第3次報告は、21世紀末には地表の平均気温は1.4～5.8℃も上がってしまうと警告しているにもかかわらず、京都議定書を含め、CO_2 の大幅削減策の合意は遅々として進んでいない。温暖化による大規模な被害を受けることは、もはや不可避であり、迫り来るカタストロフを回避

し、化石燃料文明を転換させる時間的猶予（time buffer）を獲得するためにも、ジオエンジニアリングを考えるべき段階にきており、その最もリアリティーのあるこの選択肢をタブー視することなく議論すべきだ、という立場である。

　人間は毎年、25ギガトンのCO_2を大気中に放出しているが、同時に55メガトンのS（硫黄）を排出しており、これが太陽光を反射することで、気温上昇を一部、抑えている。対流圏に撒き散らされるSOxは生態系や健康に害を及ぼす汚染物質であり、世界中で排出削減策が採られ（LRTAP条約はその代表例）、空気はきれいになっている。しかしそのぶん、温暖化は強化されていることになる。一方、91年6月のフィリピンのピナツボ火山の噴火では、約20メガトンのSO_2が成層圏まで噴きあげられた。このため次の年は、地表の平均気温は0.1～0.2℃冷え、北半球では0.5℃も下がった地域もある。火山の大爆発は、硫黄を成層圏へ注入する「思考実験」とみなすことができるのだが、大噴火による目立った害は見られない。クルッツェンは、温暖化交渉の現状から、専門家として心ならずも、地球冷却のための奥の手に言及しているのであり、その危険性にも公平に言及している。この方法では、CO_2濃度は下がらないので、CO_2溶解によって海の酸性度が上がることは止められない。海水の酸性化によって、一部のプランクトンの骨格形成が害されるなど、海洋生態系に影響がでる恐れがある。またコンピュータ・シミュレーションによれば、熱帯の降水量が減ってアジアモンスーンが弱まり、またアフリカの旱魃がすすむ恐れもある。

　クルッツェンの控えめな提案にもかかわらず、第一級の専門家がジオエンジニアリングの可能性を正面から提案したことの衝撃は大きく、同じ号には5人の専門家が特別寄稿を寄せている。理想主義が温暖化交渉の場を満たしていた時代には、適応策を議論することすら、

CO_2 削減の勢いを削ぐと抑えられていた。いわんや、根本原因を放置したまま、気象を改造しようとするジオエンジニアリング論なぞはもっての他、という雰囲気はいまも強い。そしてこの感覚は健全である。にもかかわらず、成層圏硫酸エアロゾル注入に関する研究論文が増えている。その理由の一つには、実現可能性と経費の安さにある。

09年9月、イギリスのロイヤル・ソサエティーは、ジオエンジニアリングに関する初めての本格的な総括報告、『気候のジオエンジニアリング：科学・ガバナンス・不確実性 Geoengineering the climate: science, governance and uncertainty』を公表した。この報告書の意図は、タイトルに明確に反映されている。もし、温暖化を2℃上昇に抑えるのなら、2050年までに1990年の CO_2 総排出量の60％以下にまで削減しなくてはならない。それが困難である以上、遠くない将来、ジオエンジニアリングが検討対象となる可能性がある。だが、現在の科学的知見はごく限られており、小規模の実験を行うにしても、十分な事前評価、国際的な管理体制の確立、社会との対話が必要である、というのがその主な内容である。報告書は全体として、抑制が効いた論調にはなっているが、さまざまなアイデアの実現可能性を分析してみると、成層圏硫酸エアロゾル注入のそれが圧倒的に高いのである（図28）。

まんいち、予想外に速く温暖化が進行してしまった場合の、「非常口 escape route」として研究をしておくのは、確かに一つの選択肢ではある。しかも、ロボックらの研究「成層圏ジオエンジニアリングの利点、危険性、コスト」（*Geophysical Research Letters*,Vol.36, L19703, 2009）によると、軍用機を転用することでコストは驚くほど安くなる。もともとロボックは、ジオエンジニアリングに対して強い疑問を感じ、「ジオエンジニアリングが誤った考え方である20の理由」（*Bulletin of the Atomic Scentists*, May/June 2008）という評論を書いた研究者

図28　ジオエンジニアリングの可能性

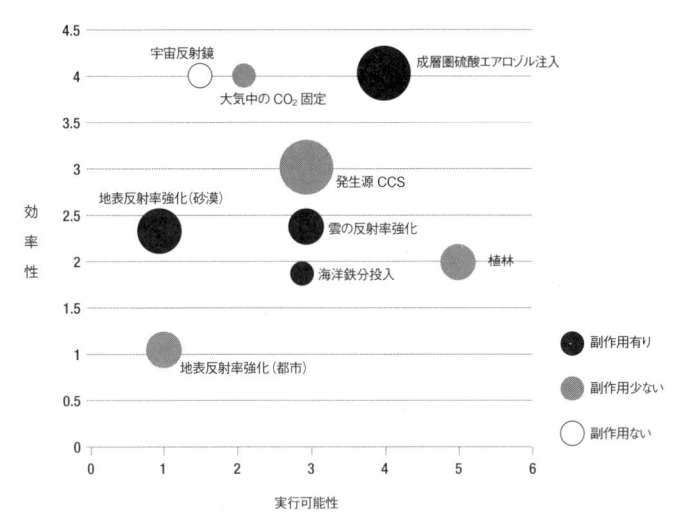

グラフ縦軸：効率性（0〜4.5）、横軸：実行可能性（0〜6）

プロット点：
- 宇宙反射鏡（副作用なし）
- 大気中のCO_2固定
- 成層圏硫酸エアロゾル注入（副作用有り）
- 発生源CCS
- 地表反射率強化（砂漠）
- 雲の反射率強化
- 海洋鉄分投入
- 植林（副作用少ない）
- 地表反射率強化（都市）

凡例：● 副作用有り　● 副作用少ない　○ 副作用なし

(The Royal Society ; *Geoengineering the climate* 2009)

　ジオエンジニアリングとは、温暖化の害を打ち消すために、意図的に地球を改変しようとする考え方。CO_2削減が進まないため、緊急避難的な意味合いで議論が始まっている。丸が大きいほど、温暖化に対抗するという意味での即効性があると考えられている。これによると、南極海への鉄分散布はCO_2回収の効果は小さく、成層圏への硫酸エアロゾル注入がもっとも効果的であることがわかる。その副作用は、降水量分布を変える恐れがあること、この方法を採用したら延々と続けなければならないこと、などがある

である。彼はその後も、成層圏硫酸エアロゾル注入の可能性について検証を進めている。ロボックらの論文によると、成層圏に硫黄を送り込む方法として、大口径の大砲で打ち込む、気象観測用のバルーンを大型化し送り込む、高い塔を組み立てて散布する、航空機で散布する、などが考えられる。表15は、その経費の比較だが、成層圏硫酸エアロゾル注入の場合、戦闘機や空中給油機能をもつ輸送機を購入して行えば経費は非常に安くなる。

　産業革命前の2倍のCO_2濃度（550ppm）になった場合の温暖化効

表15 H$_2$S 1メガトン／年を、成層圏に航空機などで散布するための費用

(航空機経費はアメリカ空軍データを08年物価に換算)

方法	搭載可能量(t)	散布高度(km)	作戦回数	機材購入費 (08年$換算、 1$=90円)	年間費用 (08年$換算、 1$=90円)
F-15C戦闘機 Eagel	8	20	167 (1日3回出動)	66.13億$ (6,000億円)	41.75億$ (3,760億円)
KC-135空中給油・ 輸送機Stratotanker	91	15	15 (1日3回出動)	7.84億$ (706億円)	3.75億$ (338億円)
KC-10空中給油・ 輸送機Extender	160	13	9 (1日3回出動)	10.5億$ (945億円)	2.25億$ (203億円)
艦砲	0.5		8,000 発/日	年間コストに 含まれる	300億$ (2兆7,000億円)
成層圏バルーン	4		37,000 個/日	年間コストに 含まれる	210〜300億$ (1兆8,900億円〜 2兆7,000億円)

(A.Robock,他,*Geophysical Research Letters*,Vol.36,2009)

急速な温暖化の進行に対抗する目的で、成層圏硫酸エアロゾル注入を採用した場合、さまざまな技術開発が必要となるが、コスト面だけを考えると、軍用機を転用するのが最も安く行うことができる。CO_2が産業革命以前の2倍の濃度（550ppm）に相当する温暖化効果を打ち消すためには、年1.5メガトンS（硫黄）でバランスするとする研究もある。この経費レベルであれば、一国でも実施可能であり、この点からもジオエンジニアリングの統治管理（ガバナンス）が現実問題となっている。シミュレーション計算によると、この手段を本格採用してその後中断した場合、温暖化がさらに急速に進行し、この手段を採用しなかった場合より悪化する可能性が指摘されており、成層圏硫酸エアロゾル注入を選択すると、永続させなくてはならない。

果を打ち消すには、注入する粒子が細かく均一であれば、年1.5メガトンS（硫黄）でこれが実現できるという研究もある（P.J.Rasch, 他：*Geophysical Research Letter*,Vol.35, L02809,2008）。この程度の経費であれば一国で実施可能であり、ジオエンジニアリングはSF次元のお話ではなく、研究を含め、これらをどう統治・管理（ガバナンス）するかが、現実問題となってきた。一方で、成層圏硫酸エアロゾル注入を本格的に採用した場合、その後これを中断すると温暖化が急速に進み、これを行わなかった場合より悪化するというシミュレーション計算の結果もある。つまりいったん、成層圏硫酸エアロゾル注入を始めると、永遠に続けなくてはいけなくなる恐れがあった。現在作業中の

IPCC 第5次報告も、ジオエンジニアリング論を無視できなくなり、11年6月にリマで、専門家による特別会合を持った。

　国際法上も、ジオエンジニアリングの管理は盲点であった。基本的には、国連気候変動枠組み化条約が、ジオエンジニアリングの可能性を視野に入れていなかったことに問題の起原があるのだが、92年当時、こんな選択肢があることを認めるような時代精神にはなかった。そして、ジオエンジニアリングという発想そのものに倫理的に強い反対論があり、こと自体は、きわめて健全である。

　かつて、気象を人工的に操作しようと努力した時代があった。しかし、ベトナム戦争中にアメリカ軍がホーチミン・ルートに対して行った降雨作戦がその後批判され、77年には環境改変技術軍事使用禁止条約が成立した。しかし、善意で気候改変を行おうとするジオエンジニアリングは、これには該当しない。海洋に鉄を撒いて肥沃化する方法については、廃棄物の海洋投棄を禁止するロンドン条約と、生物多様性条約の締約国会議が、法的拘束力のない禁止を決議し、厳重な管理の下での実験研究のみを認めている。先のアルフレッド・ウェゲナー研究所による南極海での研究に対して、ドイツ政府が行った再審査の実態は、この2条約が示すガイドラインに違反していないか、が主な点であった。法学者のD. ボダンスキーは、基本的に国連気候変動枠組み条約の下で扱うべき対象であり、SBATA（Subsidiary Body for Scientific and Technological Advice）で話し合いを始めるのが妥当、としている（*Climatic Change*, Vol.33, p.309, 1996）。ボダンスキーは、この問題は国際的な管理の面で、非常に基本的な課題を含んでいるとして、次のような問を挙げている。一国が、特別の意図をもって全世界に影響を与えるプロジェクトについて決定する権利をもっているのか？　そうではないとすると、その決定はどのようになされるべきなのか？　すべての国がその決定に関与する権利を持つのか、あるいは

一定の国に限られるのか？　決定が、健全な科学的根拠に立ってなされることを、どのように保証するのか？　被害の可能性についてどのような条項を設けるべきか？　気候工学に関する潜在的な被害者に対する補償体系を考え出すことはできるか？　（同 p.310）

ジオエンジニアリングと安全保障概念の拡張

　ところで、先のロボックらの論文が、軍用機を転用するのを当然視しているのは、偶然、軍用機が必要な機能を持っているからだけではない。気候安全保障論が登場し、温暖化の脅威は伝統的な安全保障概念と連動する、と公言する政府高官が珍しくはなくなっているからでもある。気候安全保障論が、アフリカ＝アジア地域に対する予防外交のための一理論としてではなく、地球次元の脅威に抗して善意の意図で気候を改変する、ジオエンジニアリング型の作戦を含む方向に拡張されたとしても、いまの雰囲気では不思議ではないのである。その場合は実施部隊としてだけではなく、早期警告・モニタリング・事後評価のためにも、軍事インフラストラクチャーを二重使用（dual use）する方向に進むだろう。

　誰が見ても、一国で成層圏硫酸エアロゾル注入を行いうる国の代表が、アメリカであるのは明らかである。個々の主権国家にジオエンジニアリング実施の決定を行う権限があるのか、というボダンスキーの問いも、核兵器使用の決定権限は大統領にあると信じて疑わないアメリカにしてみると、この問題を一方的（unilateral）に決定し押し切る可能性はありうるだろう。細かいことだが、アメリカはLRTAP条約の加盟国だがヘルシンキ議定書もオスロ議定書も批准しておらず、国としてSO_x排出シーリングには縛られない。こう考えてみると、遠くない将来、大統領が安全保障を理由に軍に対して、「成層圏硫酸

エアロゾル注入」作戦を命じることを想定するのは、それほど荒唐無稽なことでもないのである。

だが他方で、ジオエンジニアリングの一定領域を国防部門の所轄とみなすことは、安全保障概念の変更をはらむことになる。それは脅威の定義のあり方に関ってくる。

国家は、予想されうる脅威から国民の生命・財産を守る責務があり、そのために軍備を整えてきた。この場合の脅威とは、ウエストファリア体制的な意味を帯びたものであり、他国からの攻撃に対する婉曲的表現である。ただし国際政治における脅威とは、他国の軍備そのものではなく、軍備を保有する国家がどの程度、敵対的意思を持っているかにも拠る。だから一般に、軍事力×意図＝脅威　と表されることになる。冷戦とは、イデオロギー的に対立する二陣営が、国権の発動の道具立てとしては巨大すぎる破壊力をもつ核兵器を大量に配備し睨みあった、異様な時代であった。近代を、「国民国家を形成し、国防に技術を動員して、それに応じた体制を整える時代」と考えると、この事態が過剰に実現されてしまった冷戦時代は、やはり「超近代」と呼ぶのがふさわしい。

地球温暖化という脅威が、伝統的な安全保障概念とどの程度似ているのか、比較を試みたのが表16である。

重要な違いは、安全保障は、軍事力という人為的に構成された脅威を前提とするのに対して、温暖化の脅威は「意図せざる」自然への人間の働きかけに起因する脅威である点である。そこで、温暖化の脅威に対する対抗手段として、CO_2排出削減、温暖化への適応策に加え、ジオエンジニアリングという、気候系に人為的に働きかける選択肢がありうるとする見解が、ありうることになる。あるタイプのジオエンジニアリングは、国民の生命・財産を守るための対抗手段であるとして、伝統的な安全保障策の拡張とみなすこともできるが、他方で、「意

表16　気候変動と他の脅威との関係

脅威	核を含む安全保障	地球温暖化	地殻プレート移動
人為か自然か	人為 軍事力×意図=脅威	意図せざる人為	自然
脅威の捕捉・認定	C^3I、 インテリジェンス機関、 安全保障系シンクタンク	科学者集団、IPCC	科学者集団
対抗手段	軍備、外交、 軍事技術開発	CO_2排出削減、 適応策 ジオエンジニアリング	観測網の強化、 早期通報、地震・津波に 強い社会の建設
条約	多数	国連気候変動 枠組み条約	―
科学研究の動員	軍事研究への動員	アセスメントを 国連の下で IPCCに集約	
時間スケール	不定	交渉は10年規模、 シミュレーションは 10年〜世紀単位	貞観津波は869年、 1000年単位
原因の物理的蓄積	―	約2ppm/年で 大気中の CO_2濃度が増大	太平洋プレートの 沈み込み速度は 8〜10cm/年

人類は、とくに冷戦時代を通じて、軍事的脅威に対抗するための科学技術を非常に発達させ、巨大な軍事インフラを備えてきた。ただし、軍事力がそのまま脅威になるのではなく、特定の国がどの程度、敵対的意図をもっているか、「軍事力×意図」が脅威の程度となる。つまり、伝統的な安全保障とは、軍備を整える国の意図が非常に重要となる。これに対して地球温暖化は意図せざる脅威であり、地殻プレート移動から生じる巨大地震は、まったくの自然由来の脅威である。後者二つの脅威の程度は科学によって判定される。伝統的な安全保障では軍としての指揮命令・情報収集機能であるC^3I(command, control, communication & intelligence の略称)、CIAなどのインテリジェンス機関、ランド研究所などの安全保障系シンクタンクが、脅威を把握したり、研究し評価をする。成層圏硫酸エアロゾル注入などジオエンジニアリングの一部を、安全保障上の脅威に対する対抗手段と見なすのであれば、軍に対して作戦命令を出すことも可能とする立場もありうる。

図せざる」非軍事の脅威という点で、軍とは別の公的組織が担う課題であると考えることもできる。

　未来学の専門誌『Futures』(Vol.31, p929,1999)に掲載された、「科学的千年紀論 Scientific millenarianism」という論文で、ワインバーグは、科学的観点から千年単位の人類的課題を見晴るかした場合、隕石の衝突、地球温暖化、放射性廃棄物の処理問題、核戦争、の4つが、

その視程に入ってくるカタストロフィーであるとしている。その上で、これに対する対策として、①何もしない、②技術的対応をとる、③知識の拡張を図る、④制度的対応を整える、⑤宗教的反応、を挙げている。数百年〜千年単位で人間が採る構えを文明論的対応だと仮定すると、3.11 東日本大震災を経たわれわれ日本人にとって、巨大地震・巨大津波・大規模原発事故が欠落した千年紀的課題は、何とも迫力がない。

ポスト 3.11 の日本と安全保障概念の再定位

2011 年 3 月 11 日を境に、われわれ日本人は、それまでとは異なる時代を生きることになった。ポスト 3.11 の世界の価値観によって、あらゆる事柄が解釈され直されている。それはなぜか。それは、死者が歴史を動かすから、である。日本は 1945 年を境にまったく別の社会に移行した。第二次世界大戦による日本の戦没者は、兵員 230 万人、民間人 80 万人であった。アジアの犠牲者数はきわめて大きいが、不明である。

2001 年 9 月 11 日、アメリカは同時多発テロに襲われ、これを機にアフガニスタン戦争、イラク戦争へと突入していく。この同時多発テロによるアメリカの犠牲者は、2,977 人であった。日本は、3.11 東日本大震災にみまわれ、同時に史上最大級の福島第一原発事故を引き起こし、その処理に苦しんでいる。この大震災で日本は、20,627 名にのぼる死者・行方不明者（死者：15,648 名、行方不明者：4,979 名、7 月 30 日 警察庁）を出した。先進社会を自認する日本が、平時の自然災害でこれほどまで大きな犠牲を出してしまった事実は、社会を構成する価値観の基本部分に、大きな欠落があったことを示唆している。3.11 を機に書き換えられるべき事項の筆頭は、戦後日本の価値体系の一角を占めてきた、安全保障に関する考え方であろう。

戦後日本は、近代国家がその骨格に置いてきた国防力を、小さく謙抑的に位置づけるようにしてきた。それは憲法9条をもったからであり、それ自体誇るべきことである。さらに戦争最末期に核攻撃を受けたことで、戦後日本は、ヒロシマ・ナガサキを二度と起こさないことを人類的課題と考えるようになった。これもまったく正しい。ただしその結果、その是非は別にして、日本人の核意識はヒロシマ・ナガサキの惨状をもって凍結され、その後、猛烈に進んだ核兵器開発とその大量配備という冷戦の過酷さや、その政治的意味を、包括的に分析しようとする動機づけが希薄になった。

　もっと直接的に述べると、先進国とは冷戦時代を通して、核抑止論を究極的な必要悪として消極的にしろ受け容れ、核の使用という最悪の事態に対する対応策も、その内に刷り込んだ社会のことを指す、とすら言ってよい。核兵器をもたないドイツも、NATO同盟を介して、アメリカの核兵器を運用できる立場（nuclear sharing）にある。このような冷戦の過酷さに気づかない風のまま、ポスト冷戦時代に到達した唯一の先進国、それが日本である。突然のベルリンの壁崩壊によって、ドイツ人が抱いた安堵感・開放感・脱力感には、われわれの量り知れない部分がある。さらに論を広げれば、議会制民主主義とは、かつて国王が持っていた軍事を含めたすべての権限を議会の下に集約し、戦争が起これば議会が戦時法体系に切り替える権限をもつ政治体制のことである。

　第二次大戦後、今日に至るまで、先進国が直接の戦場になることはなかったし、幸い核兵器も使用されなかった。ところが11年3月11日、巨大地震と巨大津波が不意打ちで日本の東北・北関東の沿岸部を襲い、加えて、福島第一発電所の原発4基すべての冷却装置が破壊され、大量の放射性物質が撒き散らされた。大津波に襲われた後の光景は、原爆投下でビルだけを残して焼け野原になった、あの光景とどこ

か重なっている。この既視感こそ、われわれが絶対に再現させまいと決意したことではなかったか。

　今年（2010年）3月11日、平和な先進国の地方都市が不意打ちで巨大津波に襲われ、一部では自治体機能まで失われた。だが、あたかも大量破壊兵器の攻撃を受けたのに似た光景が繰り広げられても、統治形態を定めた日本国憲法には非常事態宣言の条項がないため、これを発動する選択肢は最初からなかった。さらに加えて、歴史上最大級の原発事故を起こしてしまった。日本は冷戦時代を通して、他先進国のように核戦争までをも想定した対応策を社会のなかにビルトインさせるような状況にはなかったため、核事故や核汚染除去についての機動的対応や管轄権限について原則をもたない事実が露呈した。そのため、核関連技術は安全保障に直結する国家の至上業務とみなすアメリカやフランスの機関に、少なくとも初動期は、頼り切らざるを得なかったのである。

　日本国憲法は、日本人の意志であると同時に歴史的与件でもある。ポスト3.11時代に生きるわれわれは、これら与件の総体を生かしながら、新たに認識された脅威を視野に入れ、これに対抗する体制を、未来に向けて考え出していかなくてはならない。長期的な視野から考慮すべき3つの脅威、すなわち伝統的な安全保障、地球温暖化、地殻プレート移動によって引き起こされる巨大地震、を比較したのが先の表16である。

　人類は、とりわけ冷戦時代を通じて、軍事技術を非常に発達させ、おびただしい兵器と巨大な軍事インフラを装填してきた。ただし、他国の軍事力がそのまま脅威とみなされるわけではなく、どの程度、敵対的意思をもっているか、つまり「軍事力×意図」が脅威となる。狭義の安全保障では他国の「意図」が決定的に重要である。

　核兵器はあまりに破壊力が大きいために厳格なコントロールと、相

手国に対する偵察と早期警戒が不可欠となる。核兵器を配備することは、世界大の同時大量通信インフラを構築することとほぼ同じことであり、軍の指揮命令と情報収集機能の部門は総称してC^3I（command, control, communication & intelligence の略称）と呼ばれる。さらにこの外側には、CIAのようなインテリジェンス機関が各国の経済力や政治情勢を分析し、また、ランド研究所などの安全保障系のシンクタンクが、さまざまな脅威について分析・評価してきた。核兵器の使用という「考えられないことを考える」のがランド研究所などの役割であり、今日ではごく普通に用いられる、コンピュータ・シミュレーションやゲーム理論は、敵であるソ連の行動や意思を、より合理的に分析するための手法として、考え出されたものである。

　このような狭義の安全保障に対して、国民の生命・財産を守るという観点からは同列に並べうる、温暖化の脅威と、地殻プレート移動に起因する脅威を比較してみると、地球温暖化は人間による意図せざる脅威であり、後者はまったく自然のみに由来する脅威である。

　温暖化の脅威に対しては、国連気候変動枠組み条約が存在する。この条約が前提とするのは、大気中に毎年2ppm蓄積されていく人間活動由来のCO_2が元凶だという認識であり、そしてIPCCの第4次報告は21世紀末に地表の平均気温が1.4〜4℃上昇すると予測している。だが3.11を経た目から見ると、温暖化の脅威は、地球システムのうちの、大気というサブシステムが関係する脅威である。2万人という犠牲を払ってわれわれが再認識したのは、太平洋プレートが北アメリカ・プレートの下へ、年間8〜10cmという世界最速に近い速度で沈み込むことで「ひずみ」が蓄積され、それによって巨大な脅威が必然的に生み出される事実である。

　ただし、温暖化条約があるのだから、地殻プレート移動による脅威に対抗するため、「国連地球物理学変動枠組み条約」を制定すべき

だという議論に、簡単に結びつくわけではない。第一の理由は、脅威の原因が人為とは無関係な自然現象であり、地震や津波の早期警告や情報交換、災害援助などに関してはすでにさまざまな国際協力の体制が存在しており、これ以上、新たに規範的な国際条約を設ける必要性あるかという点で弱いからである。そもそも地震災害については、日本などが中心になって、02年から国連国際防災戦略（UN International Strategy for Disaster Reduction）という組織が正式に発足しており、05年1月には神戸市で、阪神淡路大震災（死者6,434名行方不明3名）10年を記して国連防災世界会議が開かれ、「兵庫枠組みHyogo Framework」を採択しているのだ。

　第二に、地球温暖化問題を次の外交アジェンダとすることを必要とした、冷戦終焉のような国際政治上の動因が見当たらないからである。第三に、主要先進国のうち、地震多発地帯に首都があるのは日本くらいだからである（図29）。そもそも津波はtsunamiと表現され、その脅威にリアリティーをもつ欧州諸国はほとんどないのである。これまで巨大地震や巨大津波による膨大な犠牲者を出した地域は、中国を除けば、太平洋やインド洋がほとんどで、政治的な影響力をもたない発展途上国や小さな国が少なくない。

　だが、ハードルが高いのは承知の上で日本は、地球大気というサブシステムを対象とした温暖化条約に並置して、国連地球物理変動枠組み条約（UN Framework Convention on Geophysical Change）が設定されるべきであり、そのための特別会合を早い機会に仙台で開くことを、繰りかえし提案すべきであろう。国際的に理解者は少ないにしても、地震多発地帯に位置する国の宿命として、あえて提起し続けるべきである。おそらく、欧州諸国は消極的であろう。考えてみると、アラスカやハワイを含むアメリカの西海岸、ニュージーランド、オーストラリアは、かつては「植民地」という欧州文明の辺境であったのだ。イ

図29　世界の地震と主要国の首都

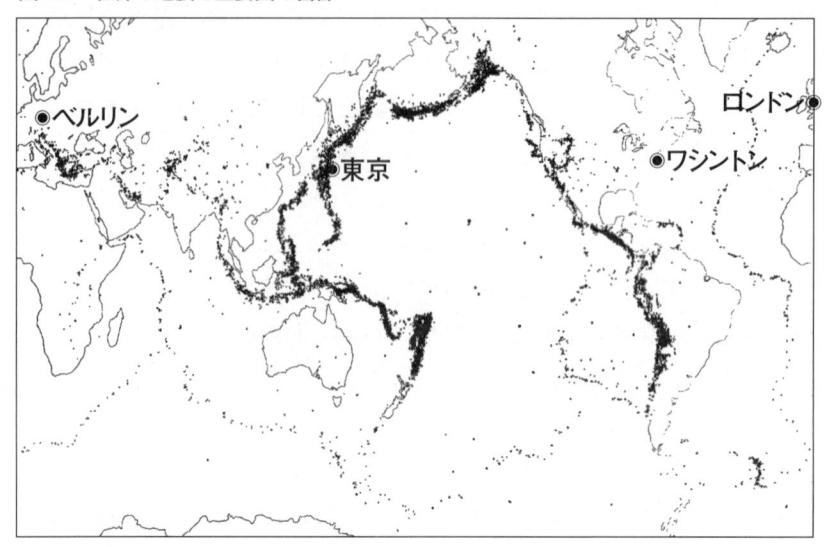

1960年代前半に急速に整備された地震観測網によって、プレート・テクトニクス理論が受容されていった。その成果の上に、先進主要国の首都を重ねてみると、日本一国だけが地震の超多発地帯の上に位置することがわかる。この事実は、日本は3.11の犠牲を踏まえて、プレート移動に主に起因する地震・津波を自然の脅威と認める国際条約の制定を訴え、地震・津波への対応策を視野に入れた21世紀文明を設計する先頭に立つべき位置にあることを示している。

ンド洋をも含む環太平洋諸国に向けて、自然の脅威である地殻プレート移動に伴う自然災害に関して、既存の地震研究体制の国際連携と研究そのものの強化、完全な情報の相互提供と早期警戒体制の構築、統合的な災害協力の枠組みを構想する目的で、ベルリン・シナリオとは別のテーブルを提案するのである。

　言うまでもなく、国民の生命・財産を守ることが、国家の第一の使命である。ポスト3.11時代のいまは、狭義の安全保障に重ねて、温暖化の脅威はむろんのこと、1,000年単位で起こる巨大地震や大津波への対応策も社会的価値に繰りこんだ、地球物理的変動に対して強健

（robust）な文明の構築をめざすときにある。冷戦体験を経た21世紀の国家は、地球規模の自然変動に由来する「意図をもたない」脅威をも視野の内に入れた、「拡大された安全保障論」を採用し、そして科学技術も、この価値観の大転換の中で組み換えられ、鍛えられるべきである。繰り返すが、人間には巨大な脅威を認めたとき、その対応のために知性を大動員する性向がある。日本は、他の先進社会の社会的価値観とは異なった下地の上に、次元も様式も違う、自然の振る舞いへの洞察と、これに対応する（これは力で対抗することだけを意味するのではない）ことを目標に掲げる科学技術を探求する方向に進んでいくに違いない。

　日本はいま、福島第一原発事故を含め、安全保障上、戦後最大の試練の中にある。時の政権が、非常事態宣言や核事故への対処というイメージからはいちばん隔たった、民主党政権に交代したばかりという歴史のめぐり合わせを、不幸と嘆くのは当たらない。もともと戦後日本は、先進国のなかで、安全保障面で特殊な地位にあった。3.11東日本大震災を経たいま、日本は、ちょうど冷戦直後のドイツのように、眼前に横たわる巨大な課題に対して、自らの価値観と信念の上に長期対応の体制を案出すべきなのだ。

構造化されたパターナリズム——後姿の自画像

　それにしても、温暖化交渉を含め、日本の政治は内政についても外交についても、政策立案の機能が、恐ろしく低下している。その原因はたいへん複雑である。そして、こういう大きな転換点にある場合には、単純な視点で切ってみるのも一法である。最後に、現在の政治の機能不全は、歴史的に長く機能してきた「構造化されたパターナリズム」という統治のあり方が崩壊期にあるから、という視点から再論し

ておきたい。

　この「構造化されたパターナリズム」については、米本著『知政学のすすめ』（中央公論新社、1998 年）「構造化されたパターナリズムからの脱却」をお読みいただきたい。この日本では、政策立案の業務が異様なほど霞ヶ関に集中してきたが、これを支えてきた統治イデオロギーが「構造化されたパターナリズム」である。政策立案は「お上の専権事項」という近世の権力観の上に、明治期にプロシャ型の官僚機構が導入されて、この統治イデオロギーが生まれた。帝国議会は 1890 年に、明治官僚制に後から付加された制度である。この統治イデオロギーは、第二次大戦後もほぼ無傷で生き残った。この信念によれば、中央省庁には最優秀の官僚が集まっており、何か政治的課題が生じれば霞ヶ関に向かって要望を投げつけ、霞ヶ関官僚がこれを受けて政策を案出することになる。だがその実際の運用は、縦割り省庁がそれぞれに、これらの政治的要望のうちから、自省の権限拡張につながる政策案を作成し、これを与党議員に説明して回り、大蔵省（現・財務省）主計局に予算を要求し、政府案とし、国会を通して省庁は権限拡張を行なってきた。各省庁の縦割り構造はすさまじく、結局、日本の統治は、国というブランドで行政サービスを請け負う個別企業が省庁の数だけある状態に限りなく近い。国民の側は、日本の統治構造のこのような生理を理解した上で、これらを活用していくより道はないのである。

　確かに、霞ヶ関は、特定の領域では唯一最大のシンクタンクとして機能してきた。だがこのことは、個々の省庁が設定するアジェンダが、日本社会が取り組む課題であるという神話のうえに成り立つものである。政策立案の独占状態を崩し、統治機構全体の振る舞いを監視するには、中央省庁とは別に、社会や世界の現状を実証的に分析し、日本が直面する課題を切り出し、政策案を独自に組み立てみせる多数のシ

ンクタンク群や、これを支える広大な知的セクターが存在しなくてはならない（図30）。

　だが日本の、アカデミズムの多くは、政治や政策に近づくのは危険でダーティーなことで、ジャーナリスティックな対象をとりあげるのは下品で、そのような応用研究は二流、というひどく時代錯誤の理屈をもって、研究対象を基礎理論や過去の事例研究に自ら限定し、これを正当化してきた。こうして、課題設定のダイナミズムを欠き、研究のための研究に埋没して忙しい素振りをし、アリバイ論文の山を築いてきた。先進国のアカデミズムであるなら、研究の中立性を盾に、先を争って社会的な重要課題を分析対象とし、課題についての全体像を描き出してみせるものである。これこそが、アカデミズムの社会的役割りである。ところが、日本のアカデミズムの大勢は、政治臭がわずかでもすると本能的に遁走してしまう。精神的にはたいへんひ弱な集団であり、その結果、社会から隔絶された「アカデミー・ゲットー」を形成している。不思議なことに、社会の側はこれを批判してこなかった。

　現代は、研究報告が決定的な力をもつ時代である。調査こそがパワー、と言ってよい。21世紀社会では、重要課題について、あらゆる角度から研究調査が行われ、包括的なレビュー報告が作成され、これを資料としてロビーイングが行われ、社会としての認識の大枠が固められる。だから世界中で、専門家集団や学術団体の存在感はますます高まっている。ところが日本では、アカデミズムの政治的な存在感は、たいへん希薄である。アメリカの科学振興協会（AAAS）、国立アカデミー、各種学会などが作成する報告書や声明文と、たとえば日本学術会議が出す幾多のとりまとめとを比較してみれば、両者の力の差は歴然とする。

　09年に政権についた民主党は、脱官僚・政治主導を掲げた。とこ

図30 構造化されたパターナリズムとアカデミズムのあるべき位置

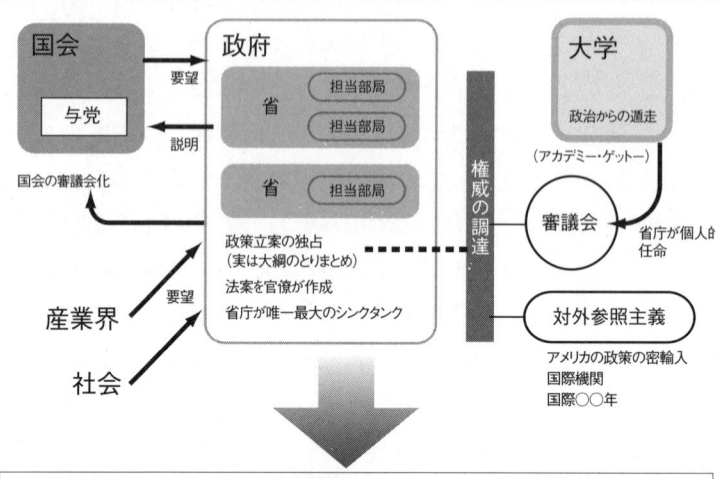

構造化されたパターナリズム（2009年秋までの運用形態）

- 国会
  - 与党
- 政府
  - 省（担当部局／担当部局）
  - 省（担当部局）
- 要望／説明
- 国会の審議会化
- 政策立案の独占（実は大綱のとりまとめ）
- 法案を官僚が作成
- 省庁が唯一最大のシンクタンク
- 権威の調達
- 大学：政治からの遁走（アカデミー・ゲットー）
- 審議会：省庁が個人的任命
- 対外参照主義：アメリカの政策の密輸入／国際機関／国際○○年
- 産業界／社会　要望

統治機構とアカデミズムとのあるべき関係

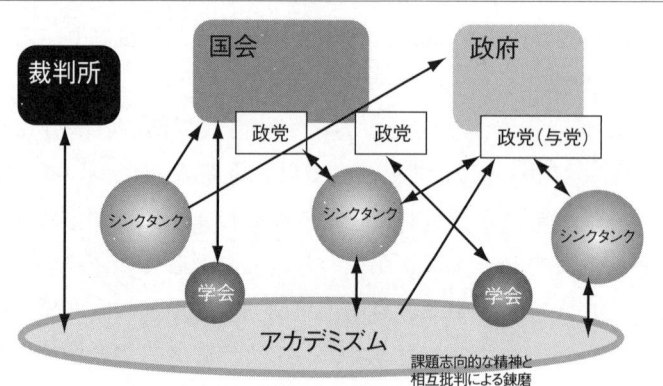

- 裁判所
- 国会
- 政府
- 政党／政党／政党（与党）
- シンクタンク／シンクタンク／シンクタンク
- 学会／学会
- アカデミズム　課題志向的な精神と相互批判による錬磨
- 社会・世界

　日本は、明治時代以来、中央省庁に最も優秀な人間が集まっており、政策立案のすべては彼らに委ねられるべきで、その決定に誤りはない、という権力観が共有されてきた。しかしその実態は、縦割り省庁が自らの権限維持拡大に資する政策を組み立て、これを与党に説明して政府案とし、国会を通すという政治手法であった。09年に政権交代が起こり、民主党は、脱官僚・政治主導を掲げたが、日本には、合理的な政策を組み立てて供給するシンクタンク群や、これら統治機構全体を支える、他先進国のような、課題志向的なアカデミズムが存在しないため、新政権の脱官僚政治は不発に終り、機能不全に陥っている。

ろが日本の現状は、霞ヶ関以外に、力のあるシンクタンク群は存在せず、さらにその外側に、他先進国のように、課題志向的なアカデミズムの広大な裾野が広がってはいない。政策案を提供したり、これらを評価したりする社会的セクターがないため、単なるスローガンにとどまってしまった。日本の統治機構の課題は、その運用モードを変えることでは解決にはならない、構造的なものであることが、「政権交代」を行なってみて、明らかになったのである。20世紀までの日本を支えた「構造化されたパターナリズム」が解体した後の、あるべき統治の形を展望すると、一見、迂遠のようだが、沈滞の極みにある日本のアカデミズムを、問題志向性が強く、志の高い知的セクターに再生させるよりないことが、はっきりした。そのための一つの方策は、制度をあれこれ触るよりは、必要な資金を確保した上で、研究者のネットワークを組織して「見えないシンクタンク」を作り、ここが、何か具体的な政策課題について、バランスのとれた全体像を描き出す報告書をまとめてみせることである。こうして、社会を動かす成功例が示されさえすれば、時を待たずに、日本のアカデミズムの一角には、他先進国と同様の、問題志向の意欲に満ちた研究者グループがつぎつぎ現われるに違いない。そう、楽観視している。

　90年代初め、ベルリンの壁崩壊という激変を受けて、世界中の有力なシンクタンクや研究機関は、来るべき「新国際秩序」を捕らえようと、多くのシンポジウムを開催した。当然、東欧のその後の運命は重大な関心事の一つであった。だが、日本の知的セクターは、この国際政治の激変に対して、絶望的なほど感度が鈍かった。本書の前半で触れたように、過去20年を振り返ってみると、日本の温暖化外交は、国益確保という根本的な点で、歴史的な失敗を犯したように見える。だが、交渉担当者を含め、これが外交として明確に失敗であったと認識する人間はごく少ない。それは、担当者が失敗を隠そうとするレベ

ルの問題ではなく、あらゆる関係者が本当に失敗だったとは思っていないようなのである。

　そうであるなら、それは日本社会としての世界認識のあり方に起因していると言うよりない。外交交渉の場が、担当者に関連情報が集中した性格ものであることを考えると、日本国内の認識そのものが、日本政府代表団の認識だけから、強く影響を受けたものであった可能性がある。ここに構造化されたパターナリズム論を適用すると、日本国内の温暖化交渉の認識は、所管省庁の担当者や記者クラブで配布される資料、あるいは交渉会場の日本政府広報担当者を、マスコミが取材し、政府関係の情報を基本に記事を書き、報道してきたのではないのか。これが、たとえば日米関係であれば、政府の日米担当以外のルートにおいて、さまざまな分析がなされ、立体的な把握がされるよう努力が払われる。だが、問題がまだ新しい温暖化交渉については、スケジュールの決まった外交交渉とその内容や動向について、政府担当者による説明を主なニュース源として大半の記事は作成され、国内の情報環境は事実上、各省庁の担当者の認識に収斂してしまったのではないのか。担当官庁によるアジェンダ形成と、マスコミによるその日本社会への散布である。この一連の作業それ自体に錯誤があったとは思えない。

　この推測が正しいとすると、縦割りの所管省庁の担当者の問題認識の形からは一歩離れた視点から、温暖化交渉の流れ全体をさまざまな角度から分析し、時代の課題を明らかにしようとする、広大な知的世界が存在しなくてはならないはずである。そのように見てくると、所管官庁の利益や担当者の視点からではなく、日本の国益確保という明確な目的をもって国家戦略を描く、この上なく重要なセクターが欠落しているのではないか、という恐るべき結論にたどりつく。少なくとも、温暖化問題については、国や組織の決定に必要な情報を必要な形

で集約し、提供するというインテリジェンス機能を担う機関が存在していないらしいのだ。結論を急ぐと、これをもって政府を追及するのは旧来型の反応である。「構造化されたパターナリズム」の解釈にたつと、日本の社会全体が、温暖化交渉に関しては、縦割り省庁が日本国内に向かって提供する情報こそが必要で確かなものであり、それ以上の分析は必要ないと信じたのである。日本全体としての、世界に対する「感度」、もしくはパーセプションの問題なのだ。

　日本以外の先進国では、温暖化交渉に関する外交戦略について、複数のシンクタンクや研究機関が、さまざまな研究報告をまとめている。韓国や中国でも盛んに研究されている。だが「構造化されたパターナリズム」が骨の髄まで浸透してしまっている日本には、本当に実力のあるシンクタンクは異様に少ない。政策立案や外交戦略の組み立ては、お上（政府）の先験事項といまだに思い込み、知的セクターまでもが政治的には前近代型に去勢されたままの、不思議な先進国なのである。こんな社会を変えるのは並大抵なことではない。そうであるなら、どれほど道が長く見えようとも、その元凶であるアカデミズムの、政治的課題からの遁走という、嘆かわしい体質を矯正することが正攻法であることになる。温暖化交渉に関して、俯瞰的な視点を得るための、素材を供給するのはアカデミズムの役割であるはずなのだ。

　本書では、あまりの巨大問題であるため、原発事故とエネルギー問題には直接には触れなかった。しかしこれこそ、3.11を境に、その質とスケールが一変してしまった巨大テーマである。日本は今後、少なくとも数十年間にわたって、被爆、除染、放射性物質のハンドリング、という課題を抱えて生きていかなくてはならない。いま、日本人の核に関する素養は、一新されつつあるが、ここでは福島原発事故の国際的な側面についていくつか問題を、将来の課題として列挙しておきたい。

表17 地球上に放出された放射性物質の主な放出源

(Office of Technology Assessment, *Nuclear Wastes in the Arctic*, p.33, 1995 を改作)

放出源	時期	総放出量	放出地域
ソ連による北極海・東太平洋への投棄	1952年〜1992年 (原子力潜水艦/砕氷船の原子炉16基を含む)	不明 (ヤコブロフ報告によれば、原子炉以外に固形廃棄物: $1.644 \cdot 10^{15}$ベクレル、液体廃棄物 $708 \cdot 10^{12}$ベクレル)	バレンツ海、カラ海、ノバラゼムリア島周辺、オホーツク海、日本海、ベーリグ海
大気圏内核実験	1952年〜1980年	セシウム137 : $925 \cdot 10^{15}$ベクレル ストロンチウム90 : $592 \cdot 10^{15}$ベクレル トリチウム3 : $240 \cdot 10^{18}$ベクレル	全世界に広く放出
欧州における核処理施設	1952年〜現在	1986年までの総量 : $192 \cdot 10^{15}$ベクレル	アイルランド海・イギリス海峡から放出され海へ拡散
チェルノブイリ原発事故	1986年	総量:$1.85 \sim 2.96 \cdot 10^{18}$ベクレル 長寿命の放射性物質: $252 \cdot 10^{15}$ベクレル	大気中に放出され、とくにベラルーシ、ウクライナ、ロシア西部に落下
福島第一原発事故	2011年3月	不明(経済産業省原子力安全・保安院の試算では、セシウム137:$15 \cdot 10^{15}$ベクレル、ヨウ素131:$160 \cdot 10^{15}$ベクレル)	福島県ならびに関東・東北地方、中部地方の一部に降下。太平洋に流出、拡散。

2011年の福島第一原発事故によって放出された放射性物質の総量は不明であるが、推計を試みる必要がある。国内の汚染地域の精密な測定と食品のチェックはもちろんのこと、食物連鎖によって生物濃縮が生じる恐れもあり、海洋研究の強化が重要である。

　第一に、今回いったい、どの程度の量の放射性物質が、大気中と海洋に放出されたのか、早急に確定する必要がある。IAEAからも強く求められているはずであり、日本はこれをもとに必要な除染と、海産物を含む食品の放射能汚染について、体系的な研究と長期の対応策を策定する必要がある。

第二に、基本的に原発を運転することは、核兵器を含む核エネルギー全体の国際管理体制の一部として機能する存在である、という点である。言うまでもなくその体制とは、核不拡散条約（NTP条約）という、世界の安全保障上、最も重要な国際管理体制を指しており、原発の運転は、条約第4条の核エネルギーの平和利用に当たる。しかもそれは、主権国家の「奪い得ない権利」として認められているものである。NTP条約の非常に重要な部分は、原発で使用する核燃料や使用済み核燃料とその処理によって得られるプルトニウムに関して、兵器に利用したり第三国に渡らないよう、保障措置（safeguard）と呼ばれる、IAEA（国際原子力機関）の厳格な管理下にあるということである。この保障措置への対応に日本はきわめて協力的・積極的である。その理由の一部は、国策としてプルトニウムを軸とする核燃料サイクルの採用を決めているからである。08年末現在で、日本国内には使用済み核燃料から抽出したプルトニウムが14.6トン溜まっており、さらに処理を委託している欧州には、日本所有のプルトニウムが約38トン存在する。非核兵器保有国である日本は、早晩、この余剰プルトニウムをどう処理するのか、決めなくてはならない。

　第三に、NTP条約では「平和利用」と表現されている原発に関する管理は、基本的に主権国家の政策の範疇に属する。原発を国営で行うか、民営に委ねるかは、それぞれの国の政策によるのだが、日本のように事実上ほぼすべてを電力会社に委ねている例はまれである。これだけの事故が起きても、商業炉の管理は主権国家のエネルギー・安全政策に属するものであり、またIAEAは核不拡散がその主務であるために、この体制の下で世界共通の原発の安全基準を設定するのは、きわめて難かしい課題である。

　第四に、福島原発事故の過程で、日本は、低レベルの放射性汚染水11,500トンを海に放出した。これに関して韓国は、事前通報など国際

慣例に問題があったとして、日本を非難し、ロシアや中国も同様の懸念を示した。日本政府は国際法違反を否定した上で、関係国への事前の情報提供が不十分であったことを認めた。だが中長期的に見ると、日本はこの事故の内容やその影響について、くどいほどに重ねて近隣諸国に通報しておくべきである。その理由は、外交上の慣例である相互主義(reciprocity)にある。地理的にアジア大陸の風下にある日本は、将来、中国など近隣諸国が原発を大規模に運転し始めたとき、今回の実績を先例にして、安全性問題や通報手続きで申し入れをすることの根拠になるからである。

　第五に、こんご日本は、原発をどう位置づけるにしろ、これまで体系的な開発政策をもたなかった再生可能エネルギーに、当然軸足を移していくことになる。この方向に科学技術を総動員し、あらゆる可能性を試してみるべきなのだが、ほとんど研究してこなかったものに海流発電がある。先進国のなかで、周囲にこれだけ多数の海流が流れているのは日本くらいである。海流発電は、初期投資が大きすぎ、コストに合わないというのが定評であり、日本の周辺海域にどの程度の発電可能性があるのかは不明である。しかし、外交面からすると、そのような研究プログラムを動かしていること自体、一つのカードになる可能性がある。海流発電は、流れの速い海峡で行うのが効果的である。船舶の自由な航行に影響しないよう慎重に設計し、領海内の海峡の水中や海底に、たとえば、大量のプロペラ型の発電機を設置するのは国際法的にはなんの問題もないはずである。一見、話はこれでおしまいのように見える。しかし、そのような発電装置の設置は、潜水艦の行動に影響を与えるものであるため、潜在的には安全保障上の新しい問題をはらむことになる。

　ただし、以上にも増して、日本社会は、日本のアカデミズムがどれ

ほど沈滞のきわみにあるか、社会はその実像を知るべきあろう。社会から隔絶された課題設定と、研究の自己目的化が、研究者自身をどれほど堕落させ、沈滞させるか。それを確認するには、まずは「学会傍聴ツアー」を企画してみるのが近道である。学会の場では、学術発表に対して鋭い批判と反批判が行われ真理追及がなされる、というイメージはみごとに裏切られる。日本の社会は、こんな知的セクターをもって人類史的な課題に取り組んでいかなくてはならないのである。日本社会はこの現実をふまえ、アカデミズムを厳しく育んでいくべきなのである。

【著者紹介】
米本昌平（よねもと しょうへい）

1946年愛知県生まれ。京都大学理学部卒。証券会社を経て三菱化成生命科学研究所入所。2002年、科学技術文明研究所所長。
現在、東京大学先端科学技術研究センター特任教授。
専攻　科学史・科学論
主要著作　『遺伝管理社会』（弘文堂、1989年度毎日出版文化賞受賞）、『地球環境問題とは何か』（岩波新書）、『知政学のすすめ』（中公叢書、1999年度吉野作造賞受賞）、『バイオポリティクス』（中公新書、2007年度科学ジャーナリスト賞受賞）、『時間と生命』（書籍工房早山）ほか。

地球変動のポリティクス ── 温暖化という脅威

平成23年10月15日　初版1刷発行

著　　者	米本　昌平	
発 行 者	鯉渕　友南	
発 行 所	株式会社 弘文堂	〒101-0062　東京都千代田区神田駿河台1の7 TEL 03 (3294) 4801　振替 00120-6-53909 http://www.koubundou.co.jp
装　　丁	笠井　亞子	
組　　版	スタジオトラミーケ	
印　　刷	大盛印刷	
製　　本	井上製本所	

Ⓒ2011　Shohei Yonemoto. Printed in Japan

[JCOPY]〈(社)出版者著作権管理機構　委託出版物〉

本書の無断複写は著作権法上での例外を除き禁じられています。複写される場合は、そのつど事前に、(社)出版者著作権管理機構（電話 03-3513-6969、FAX 03-3513-6979、e-mail: info@jcopy.or.jp）の許諾を得てください。
また本書を代行業者等の第三者に依頼してスキャンやデジタル化することは、たとえ個人や家庭内の利用であっても一切認められておりません。

ISBN978-4-335-75014-4